成瀬つばさ

ひみつのゴマちゃん

ゴマダラチョウの不思議な生活

装丁　鈴木千佳子

はじめに

この本は、
おそらく日本初のゴマダラチョウ本です！
虫の本、自然の本は
数多く出版《しゅっぱん》されていますが、
一種類を掘《ほ》り下げる本というのは
それほど多くありません。
ゴマダラチョウの仲間、
国蝶《こくちょう》オオムラサキの本ならば
いくつかあるのですが……。
私は蝶の専門家《せんもんか》ではないため、
専門性という意味では
物足りない部分もあるかもしれませんが、
観察によって気づいたゴマちゃんの魅力《みりょく》を
できる限《かぎ》りつめこみました。
イラストとともに、楽しみながら
ゴマちゃんのことを
知っていただけたらうれしいです。

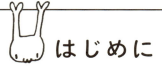

もくじ

もくじ

もくじ

もくじ

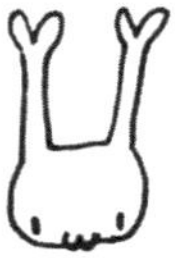

「普通の自然」を楽しもう

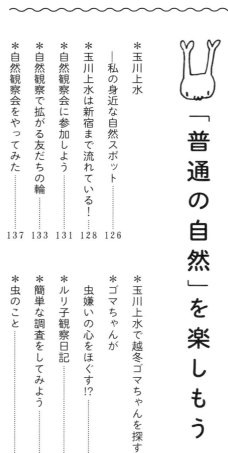

もくじ

ゴマちゃん観察日記

01 ゴマちゃんとの出会い

長い冬が終わり、今年もたくさんの動植物が元気に動きはじめる春がやってきました。

気持ちのよい緑地《りょくち》を歩いていると、目に入ってきたのは葉っぱの上にいる小さないきもの。

目を凝《こ》らして見てみると、角《つの》が二本、背中《せなか》に小さなトゲのようなものもあります。顔を伏《ふ》せた姿勢《しせい》のようです。

葉っぱを少しめくって見てみると、ウサギのような、コアラのような、不思議な顔。ゴマちゃんです！　今年もゴマちゃんに出会うことができました。

ゴマちゃんの正体は、ゴマダラチョウという蝶の幼虫《ようちゅう》です。体の色は葉っぱにそっくり。なんとなく散歩《さんぽ》するだけではなかなか見つけられません。毎日、たくさんの人たちが行き来する緑道や公園で、ほとんど気づかれずにひっそりと、こんないきものが、身近な場所に昔から住んでいたのです。

ゴマダラチョウ

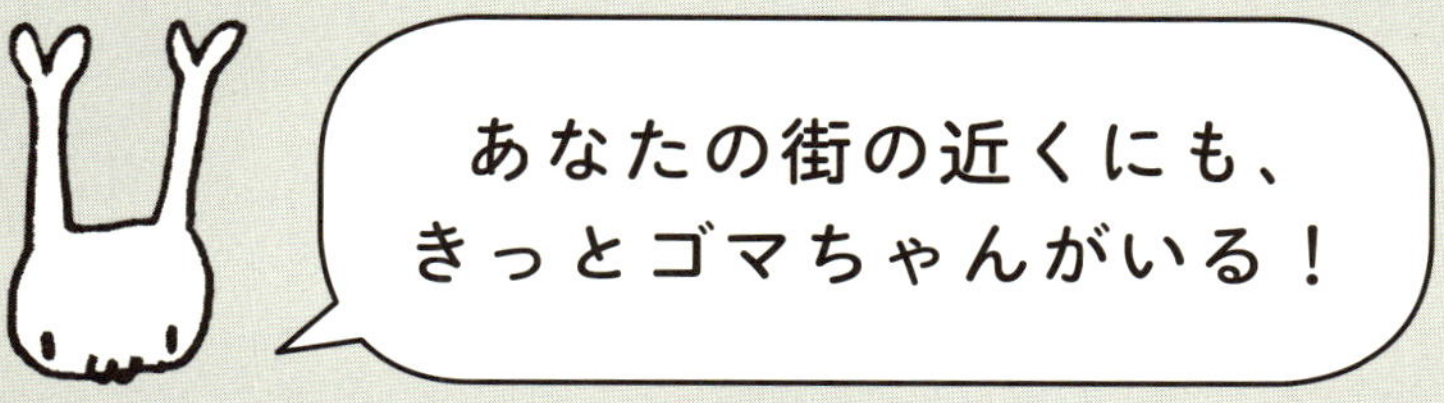

02 若葉のゴマちゃん

春に目覚めたばかりのゴマちゃんは最初、とっても地味な茶色の体です。ところが、しばらく経《た》って脱皮《だっぴ》すると、中から現《あらわ》れるのは春色の鮮《あざ》やかな姿《すがた》。体の大部分は明るい緑色ですが、背中には赤みがあります。これにはわけがあります。ゴマちゃんは自分が食べるエノキの葉の新芽《しんめ》に化けているのです。エノキの葉は、芽吹《めぶ》きの時期だけ赤みを帯びます。ゴマちゃんを遠くから見ると、たしかに葉っぱに似《に》ています。

面白いことに、この時期以外に脱皮したゴマちゃんには、この赤い模様《もよう》は現れないのです。どんな仕組みになっているのでしょうね。

ゴマちゃんの、もっとも鮮やかで美しいと感じる姿。見つけるのは大変ですが、ぜひぜひ探《さが》してみてください。

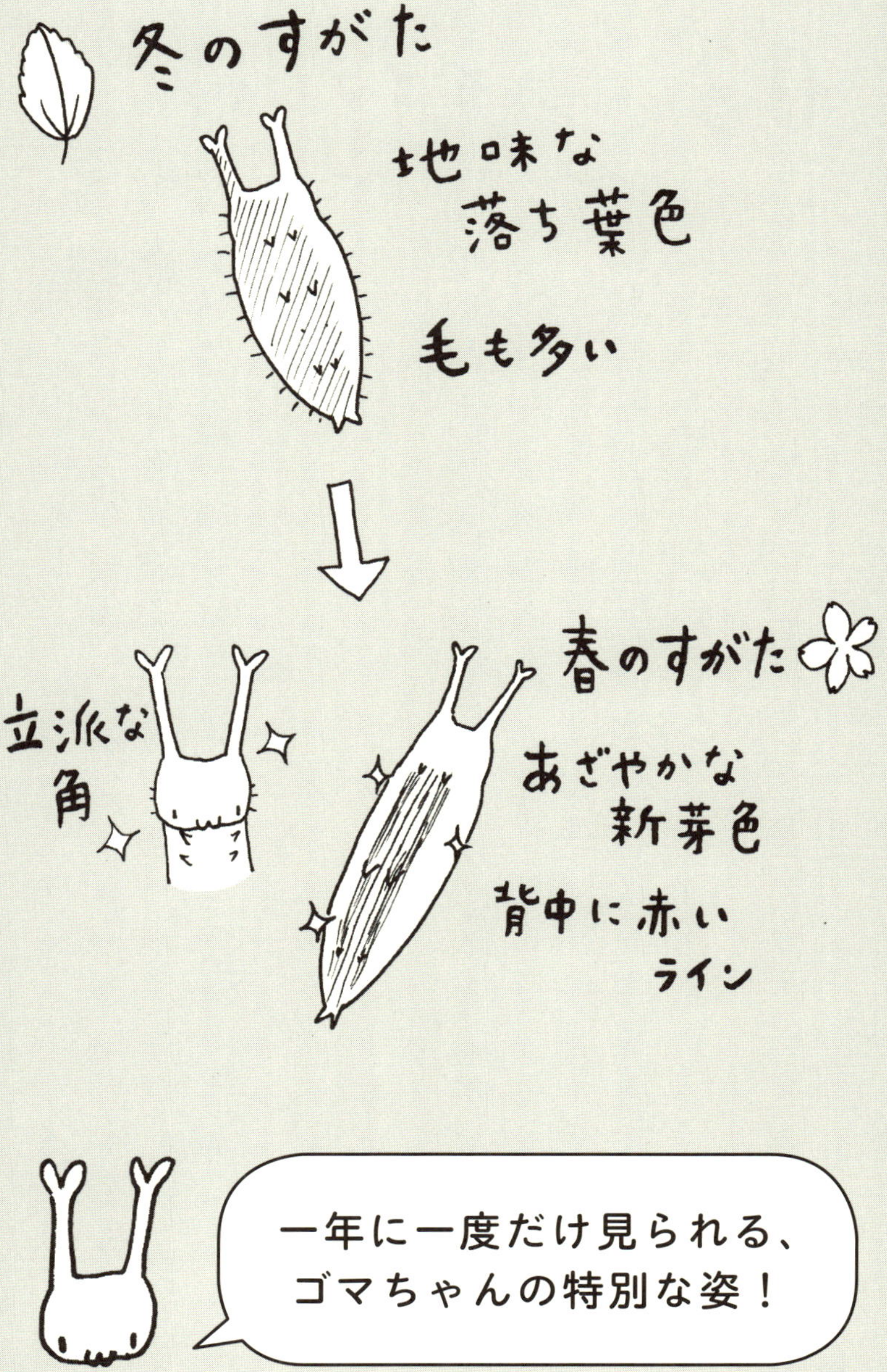
冬のすがた
地味な
落ち葉色
毛も多い
春のすがた
立派な
角
あざやかな
新芽色
背中に赤い
ライン
一年に一度だけ見られる、
ゴマちゃんの特別な姿！

03 太るゴマちゃん

蛹《さなぎ》になる直前のゴマちゃん。食欲旺盛《しょくよくおうせい》になり、どんどん太ります。葉っぱはみるみるうちに消えていきます。体がどんどん重くなっているので、落ちないように移動《いどう》するのは大変です。体を安定させるための糸をしっかり吐《は》きながら動いているので、実際《じっさい》に落ちてしまうことはあまりないのですが、葉の上に安定して乗っかることは難しいのです。茎《くき》につかまりながら、体をくねらせて一所懸命《いっしょけんめい》ムシャムシャと葉っぱを食べていきます。

鳥などの天敵にも狙《ねら》われやすくなるようです。やはり「おいしそうな太さ」なんでしょうか。この時期にあちこちで見られる太い幼虫を毎日観察していると、その多くがいつのまにか姿を消しています（もちろん、移動して、無事《ぶじ》に蛹になったゴマちゃんもいるのでしょう）。

顔の大きさに対して、異様《いよう》に体がふくらんだその姿を苦手に思う人もいるかもしれません。スズメガの幼虫のような、ぶよぶよしたイモムシが苦手な人にとっては嫌《いや》な太さなのかも！　とってもかわいらしい姿だと思うんですけどね。

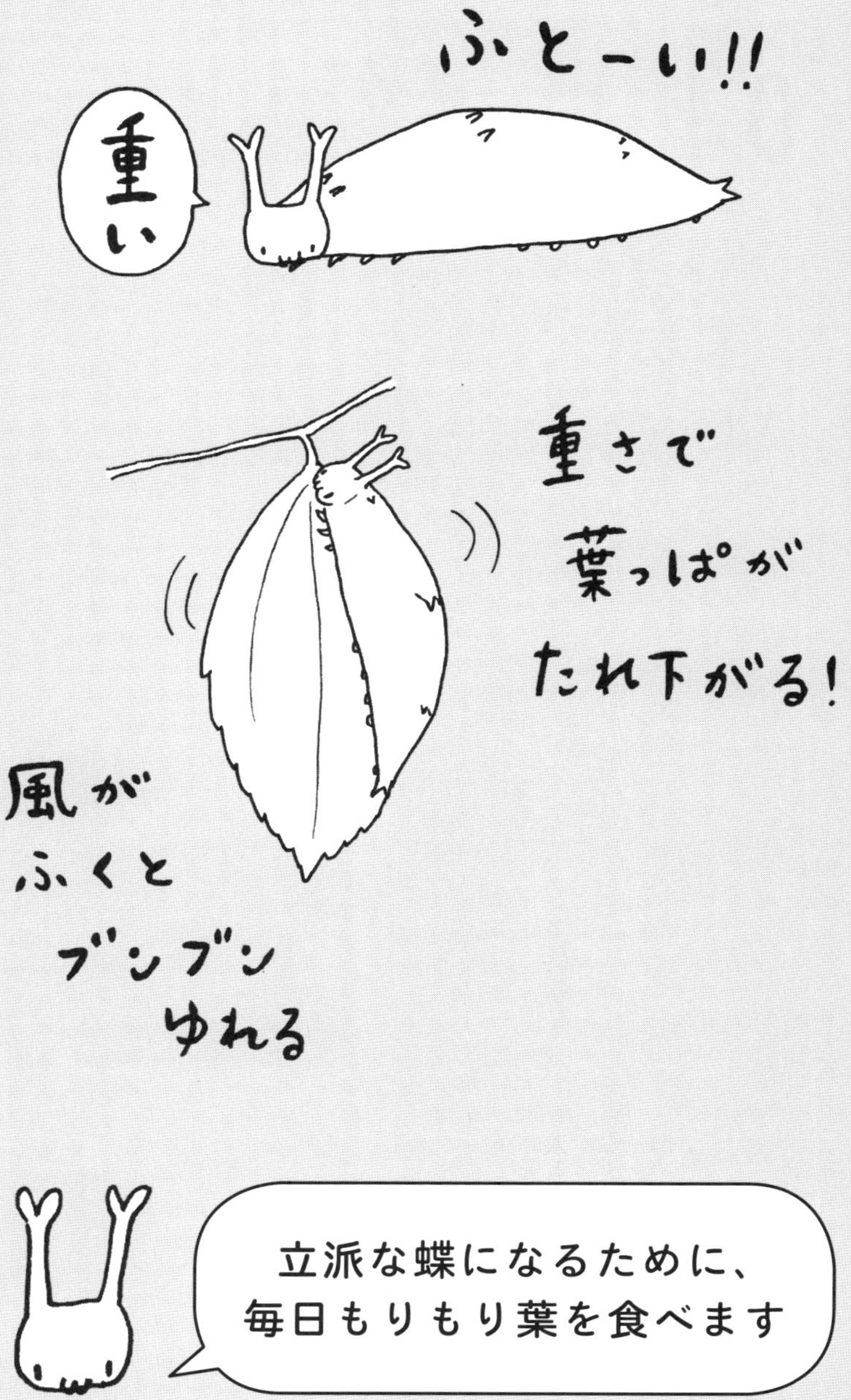
ふとーい!!
重い
重さで
葉っぱが
たれ下がる!
風が
ふくと
ブンブン
ゆれる
立派な蝶になるために、
毎日もりもり葉を食べます

04 ゴマちゃん さなぎになる

いよいよ蛹になるゴマちゃん。蛹になる直前には、お尻《しり》側を上にした状態《じょうたい》で、葉にくっついて静止します。体を固定《こてい》しているのはお尻の先だけ。いつも以上に、落ちないものかと心配になります。

蛹へ変化することを蛹化《ようか》といいます。「劇的《げきてき》に姿が変わる」というイメージがあるかもしれませんが、蛹になる準備段階《じゅんびだんかい》、「前蛹《ぜんよう》」の時点で、かなり蛹に近い姿になります。体の節々が丸っこくなり、ふっくらします。

手足のない蛹はまったく動けないのでしょうか。そんなことはありません。かなり元気に動きます！

まず、蛹になるための最後の脱皮。一所懸命皮を脱《ぬ》いでいくとき、皮の下はもう蛹の姿になっています。ぷるっぷるっと体をくねらせて、なんとか皮を脱いでいくのです。そして、脱皮後もまだまだ動きます。他の蝶の蛹も実は動くのですが、ゴマダラチョウやオオムラサキの仲間の蛹はパワフルに動くことで有名です。蛹に対して刺激《しげき》があると、ぶるるんっと体をくねらせます。蛹を襲《おそ》ってきた敵《てき》を追い払《はら》うこともできそうなパワーです。

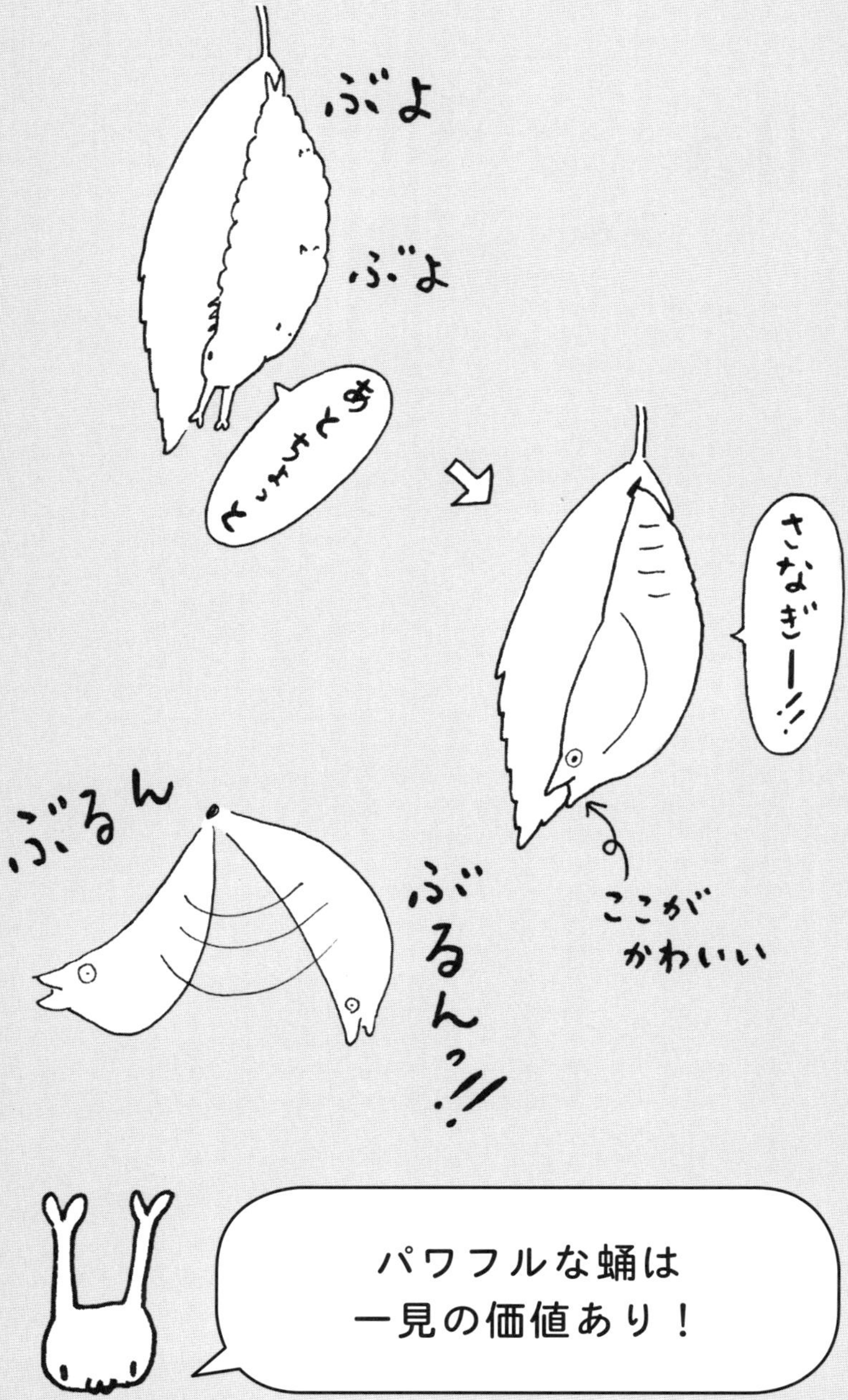
ぶよ
ぶよ
あとちょっと
さなぎー!!
ここがかわいい
ぶるん
ぶるんっ!!
パワフルな蛹は
一見の価値あり！

05 ゴマちゃんの羽化

ゴマちゃんの羽化《うか》。一生の中で、最もドラマチックなできごとかもしれません。だんだんと中の色が透《す》けて見えてくる蛹。しばらくすると頭側が裂《さ》けて、いよいよ蝶の体が現れます。蛹から完全に抜《ぬ》け出したら、縮《ちぢ》こまっていた翅《はね》を伸《の》ばしていきます。

白黒モノトーンのおしゃれな翅に、オレンジ色の目、黄色い口。これがゴマダラチョウの成虫です。

何度見ても感動し、そして何度見ても発見があり、何度も見ても不思議です。あのゴマちゃんが、こんな立派《りっぱ》な蝶になるなんて、なかなか信じられません。イモムシだった頃《ころ》の記憶《きおく》は残っているのでしょうか。空を飛ぶことで変わった視界《しかい》、体のパーツをゴマちゃん自身《じしん》はどう認識《にんしき》しているのでしょうか。

残念ながら、蛹のすべてが無事に羽化できるわけではありません。翅がきれいに伸ばせず失敗してしまったり、落下《らっか》などで羽化前に命を落としてしまったり。そして、かなり多いのは「寄生《きせい》バチ」による寄生です。寄生されたゴマちゃんは、蛹までは順調に育ちます。しかし、いよいよ羽化！というタイミングで蛹を破《やぶ》って中から出てくるのはハチの姿。飼育《しいく》していた場合はトラウマになってしまいそうです。

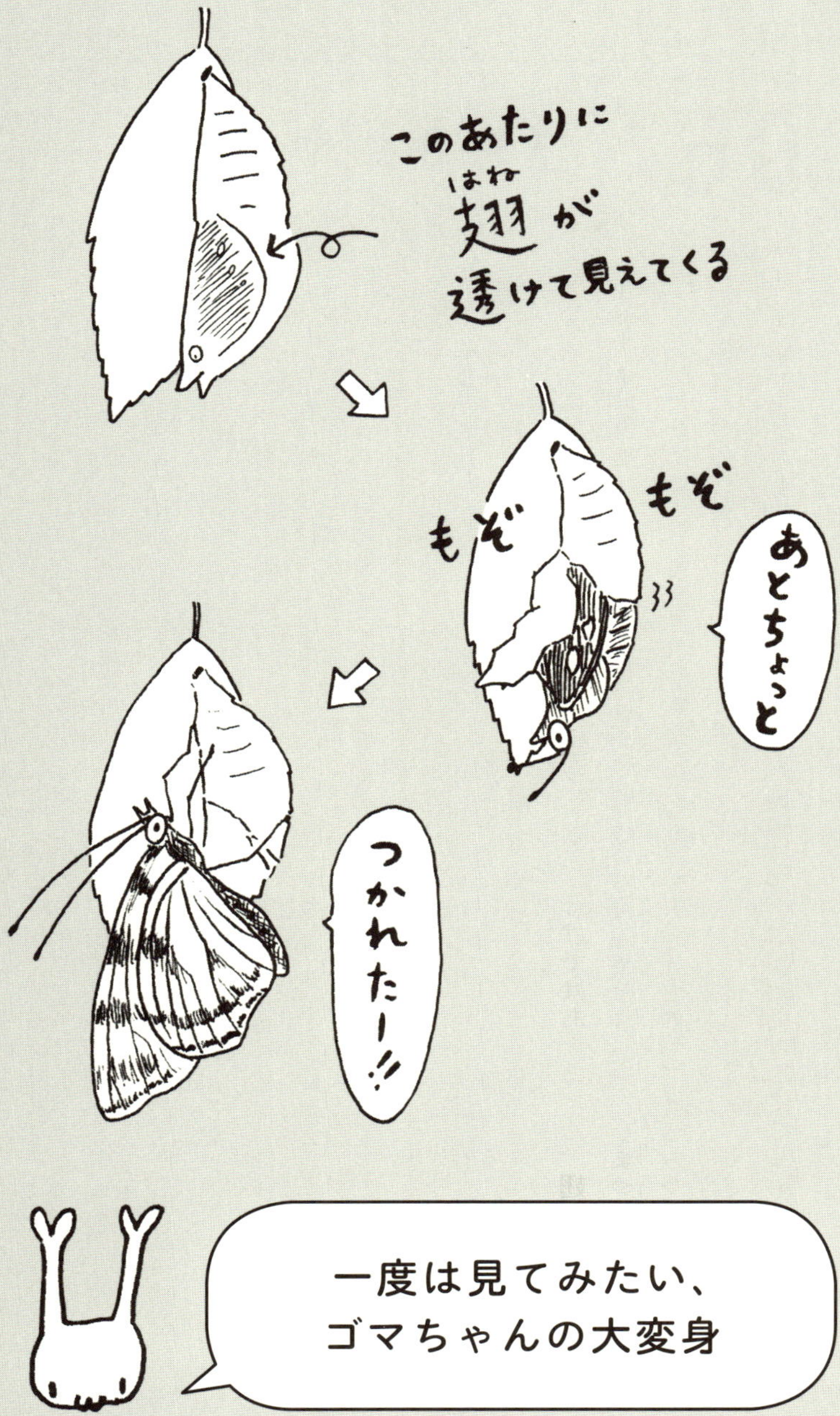
このあたりに
翅《はね》が
透けて見えてくる
もぞ
もぞ
あとちょっと
つかれたー!!
一度は見てみたい、
ゴマちゃんの大変身

06 空飛ぶゴマちゃん

羽化したゴマちゃんは、ついに空を自由に飛べる翅を手に入れます。蝶というと、花に止まって蜜《みつ》を吸《す》うイメージがありますが、ゴマダラチョウはめったに花の蜜を吸いません。好むのはカブトムシ、クワガタムシ、カナブンなどと同じで、クヌギなどの木の樹液《じゅえき》です。幼虫の頃のようにエノキの葉を食べることはもうしません。葉を噛《か》むためのアゴはもうないのです。その他、地面に降《お》りて吸水《きゅうすい》をしたり、獣《けもの》の糞《ふん》に集まったりすることもあるようです。糞に集まるというと、ちょっと汚《きたな》いイメージがあるかもしれませんが、これは国蝶であるオオムラサキも同様です。

こういった食事《しょくじ》をしつつ、繁殖《はんしょく》のパートナーを見つけることが成虫の生きる目的です。無事に相手を見つけることができるのでしょうか？

雑木林《ぞうきばやし》や山道《さんどう》などで見かける、「樹液に集まる虫たち」のようなパネルでのイラストや写真にも、よくゴマダラチョウ成虫が登場します。

さて、「めったに花の蜜を吸わない」と書いたのですが、ごくまれに特定の花で吸蜜《きゅうみつ》した記録はあるようです。もしも花の蜜を吸うゴマダラチョウを見つけたら、それは貴重《きちょう》な瞬間《しゅんかん》。ぜひ、しっかり記録してくださいね。

樹液にあつまる昆虫

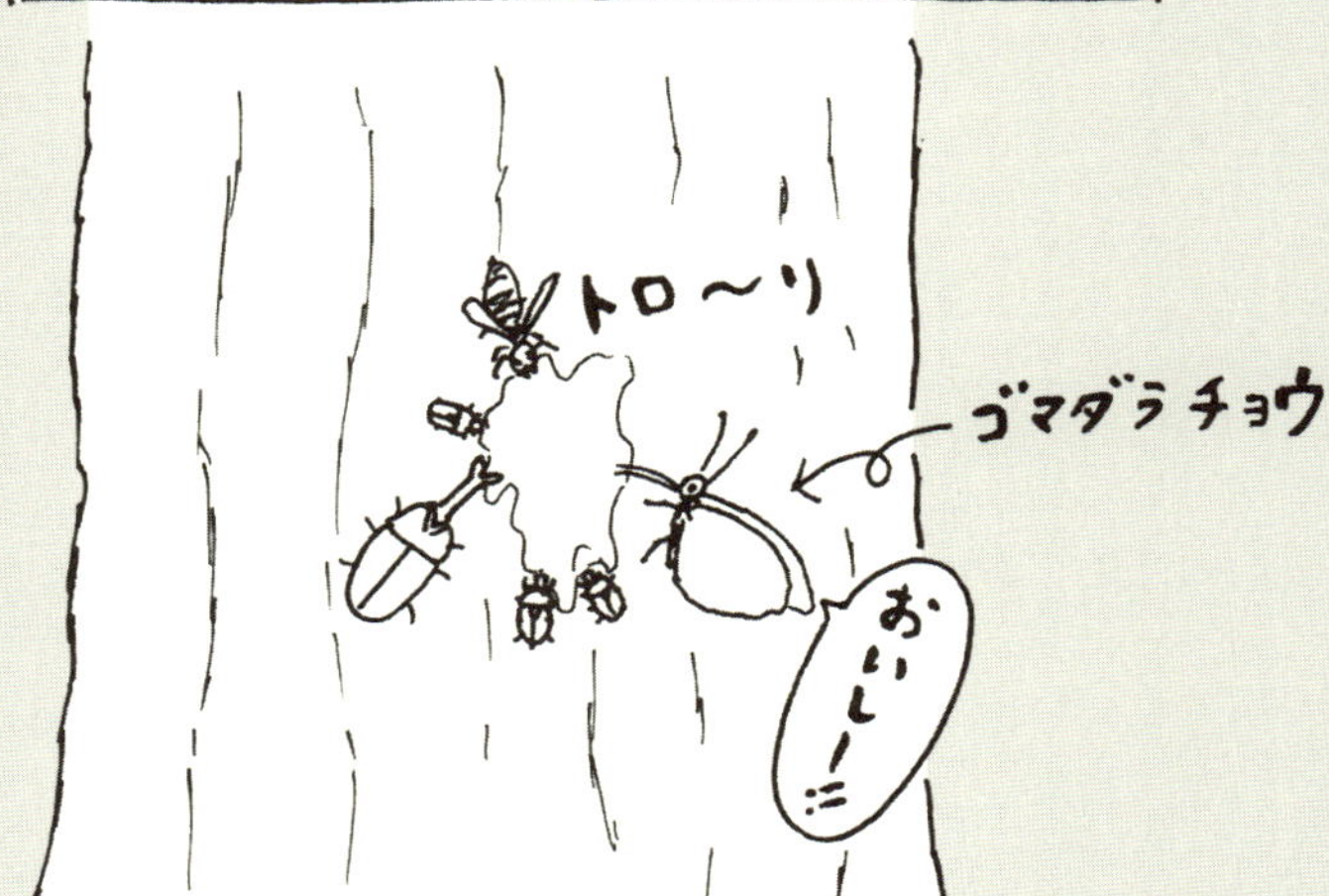

樹液の出ている木を
探せば、きっとゴマダラ
チョウが見つかります

07 ゴマちゃんの産卵

交《こう》尾《び》を終えたゴマダラチョウは、いよいよ産卵《さんらん》します。産《う》み付けるのはエノキの木。生まれた幼虫がすぐに葉を食べられるように、蝶たちは基本的《きほんてき》に幼虫の食草へ卵《たまご》を産み付けます。

ゴマダラチョウのメスは、エノキの周りをあちこち飛び回り、産卵するのに良さそうな場所を探します。主に葉に産み付けるのですが、枝《えだ》の分かれ目を選ぶこともあるようです。ここぞというポイントを見つけたら、腹《はら》をくねらせ、ゆっくりと一つずつ卵を産み付けます。

ゴマダラチョウに近い仲間のオオムラサキは、一か所に数十個《すうじっこ》〜百個《ひゃっこ》ほどの卵をまとめて産み付けるのですが、ゴマダラチョウはそこまでまとめて産むことはないようです。ぽつんぽつんと、数個の卵がエノキの葉に産み付けられているのをよく見かけます。

時期にもよりますが、エノキの葉をよーく探せば、この卵を見つけることができます。ぜひ探してみてくださいね。

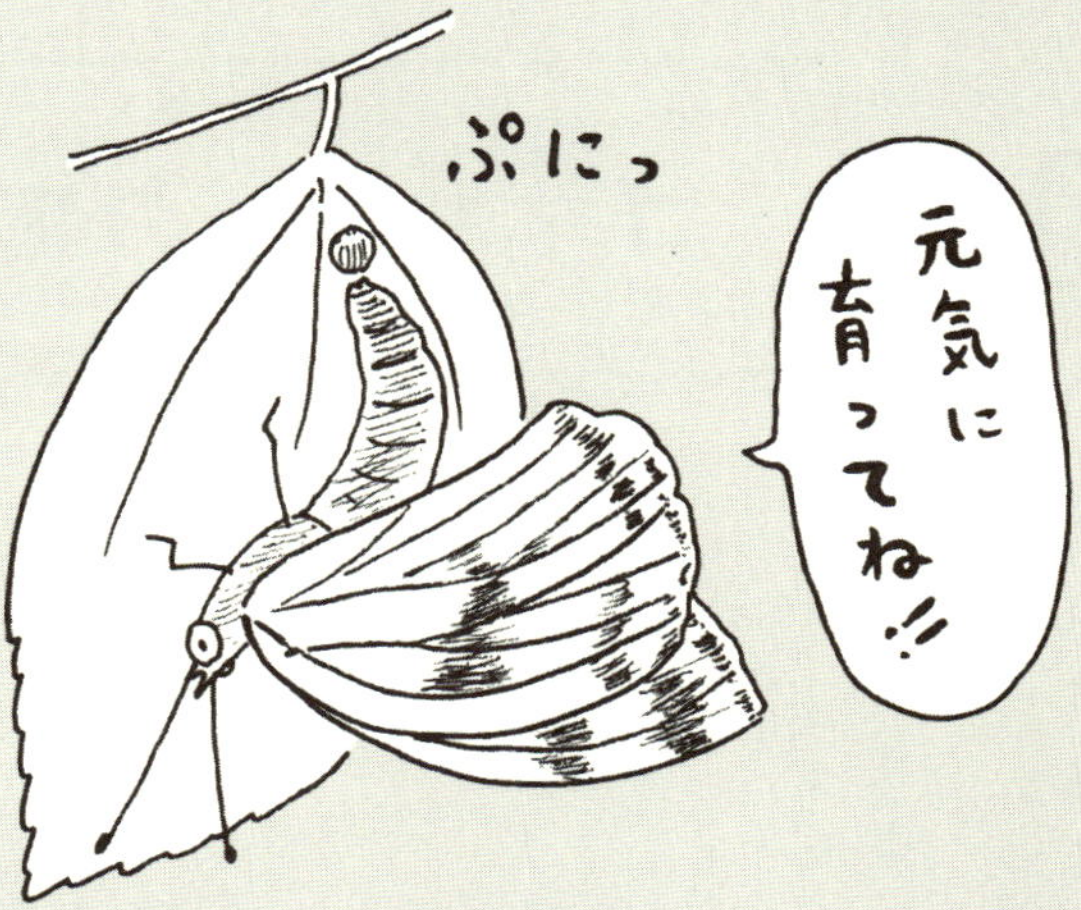

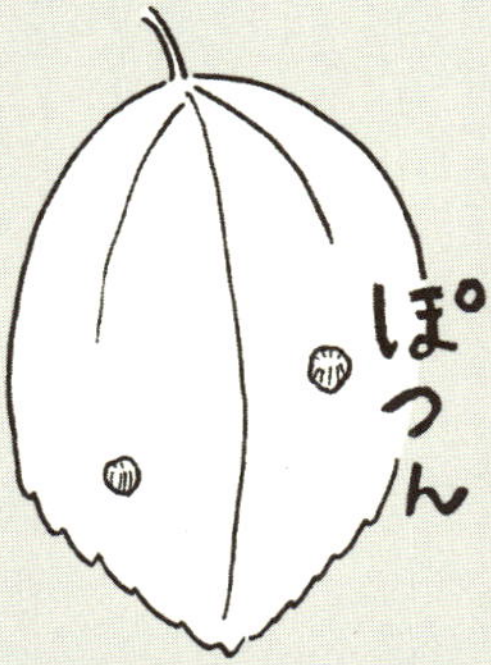

ゴマダラチョウ

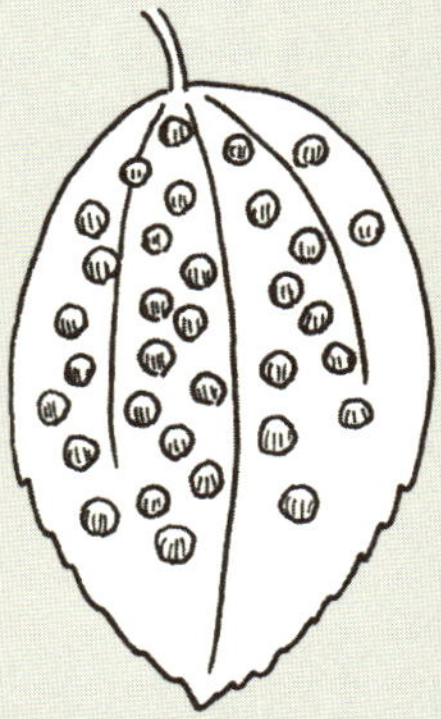

オオムラサキ

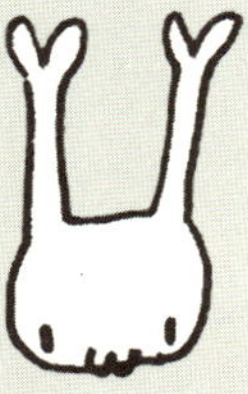

気がつかない間に
たくさんの卵があちこちに
産み付けられています

08 ゴマちゃんの誕生

縦《たて》に筋《すじ》のある、まんまるの卵。黄緑色《きみどりいろ》というより、エメラルドグリーンでしょうか。この小さな美しい球体がゴマちゃんの卵です！　神秘的《しんぴてき》ですね。中に黒色のかたまりが透けて見えてきたら、いよいよ孵化間近《ふかまぢか》。

パリッ、パリッと卵の殻《から》が割《わ》れて……なんてことは起きません。生まれたゴマちゃんの最初の試練《しれん》は、自分のアゴで、殻を食い破ることなのです。

中からモグモグと殻を食べたら、いよいよ出てくる生まれたてのゴマちゃん！　後《のち》の姿と比べると、ずいぶん頭が大きくてアンバランスです。体は緑色ですが、顔は暗い茶色。トレードマークである角もありません。どこに目があり、アゴがあるのかも肉眼《にくがん》ではなかなか分かりません。その大きさは、まだ三〜四ミリほどしかないのです。ミクロなゴマちゃん！

理由はよく分からないのですが、卵の殻はすべて食べてしまうことが多いようです。殻に栄養があるのでしょうか。もしくは他のいきものに見つけられないように、卵の痕跡《こんせき》を消しているのでしょうか。

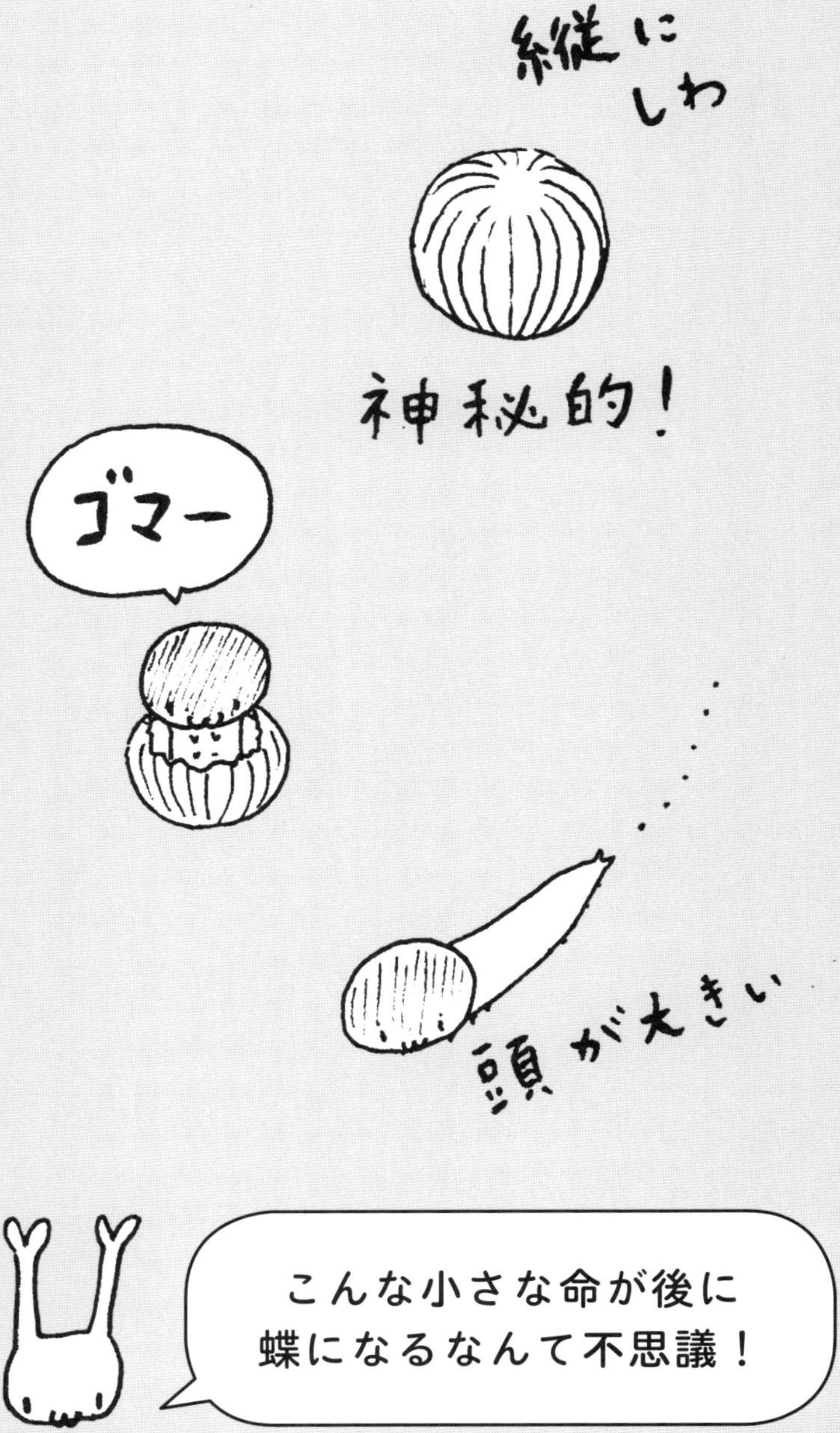
縦にしわ
神秘的！
ゴマー
頭が大きい
こんな小さな命が後に
蝶になるなんて不思議！

09 小さなゴマちゃん

生まれてから何日か経つと、ゴマちゃんは初めての脱皮をします。脱皮の回数によって、それぞれの段階を一齢《いちれい》、二齢というように呼《よ》びます。生まれたばかりのゴマちゃんは一齢、脱皮後は二齢ということになりますね。このあたりの時期をまとめて「若齢幼虫《じゃくれいようちゅう》」と呼ぶこともあります。

二齢のゴマちゃんはまだまだ小さく、一センチ前後。それでも、角が生え、「ゴマちゃんらしさ」が出てきます。背中にもトゲのようなものが出てきますが、まだまだでっぱりが小さく、模様っぽい感じです。こんな大きさなので、野外で見つけるのはなかなか難しいのですが、一度は見ておきたい可愛《かわい》らしさです。この小さい体で一所懸命移動して、葉を食べて、少しずつ成長していきます。

もう一度脱皮すれば今度は三齢。角は立派になり、顔立ちもかなりはっきりとしてきます。この時期は体もスマートで、可愛らしさという意味では一番の時期かもしれません。

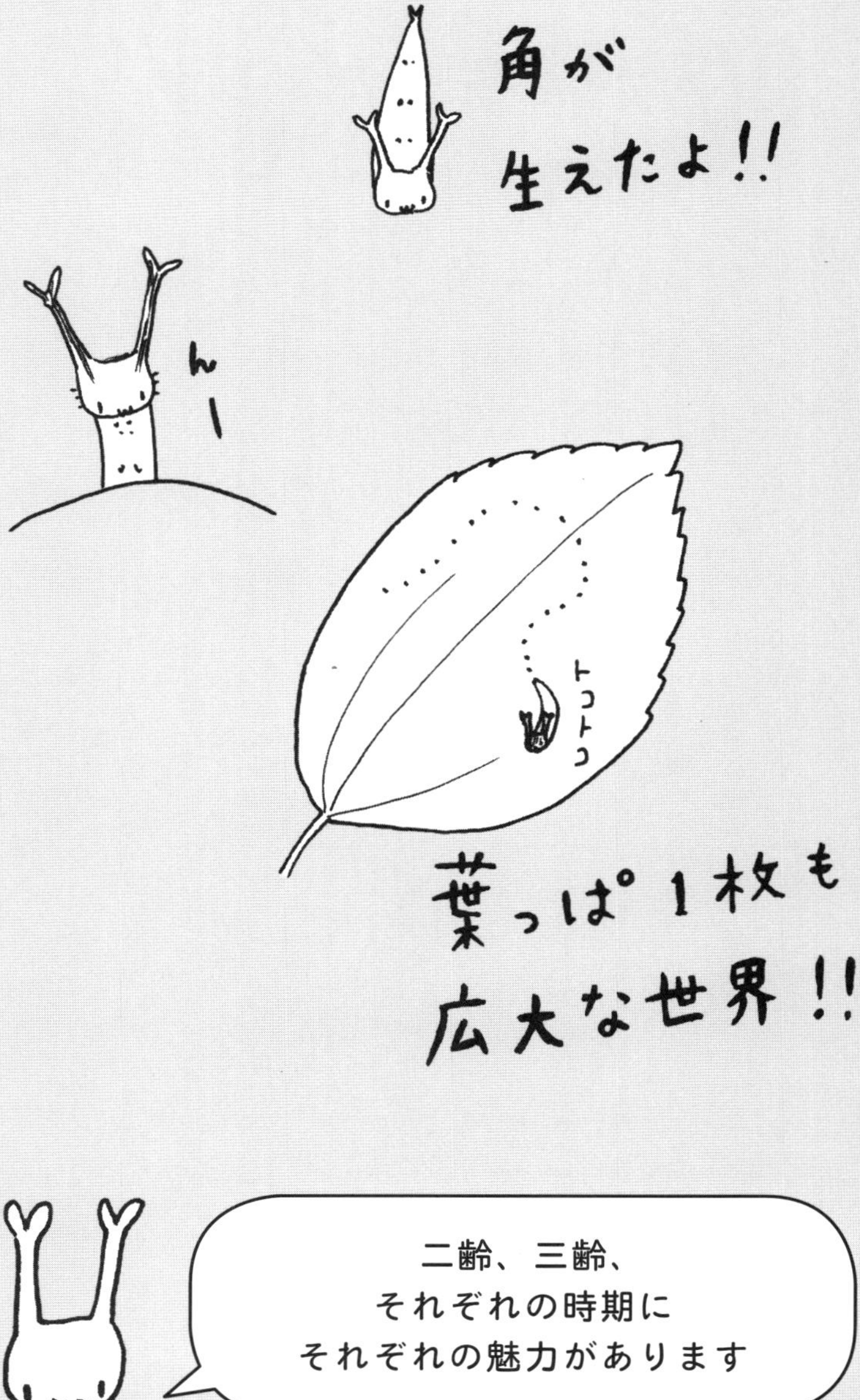
角が
生えたよ!!
んー
トコトコ
葉っぱ1枚も
広大な世界!!
二齢、三齢、
それぞれの時期に
それぞれの魅力があります

10 脱皮のふしぎ

イモムシは、毎日葉っぱを食べていたら、ぐんぐん成長していくのでしょうか？ 観察してみると、体は少しずつふっくらしていくように見えますが、顔のサイズは変化がないように思えます。硬《かた》い殻《から》に覆《おお》われている顔がぐっと大きくなるタイミングは脱皮をしたときなのです。体の皮も、ある程度《ていど》は柔軟性《じゅうなんせい》があるものの、伸びる量には限界《げんかい》があります。脱皮をくり返すことで、大きく成長していくのです。

脱皮をする前、ゴマちゃんは体の上部を起こして、うつむくような姿勢のまま動かなくなります。単に休んでいるときもそんな姿勢になることがありますが、微妙《びみょう》なポーズの違《ちが》いと、首回りにくびれがあり、つっかえているような感じで脱皮前だとわかります。

脱皮後のゴマちゃんはどんな様子になるのでしょうか。体の部分はふにゃふにゃの皮となって脱げます。栄養となるのかはわかりませんが、多くの場合、この脱いだ皮はモグモグと食べてしまいます。顔の部分は固くできていて、そのままお面のようにポロっと脱げます。こちらは食べることができないようですね。ゴマちゃんにはおそらく使い道のないこの顔の皮ですが、アリが運ぼうとしているのを見たことはあります。食べられるのでしょうか？

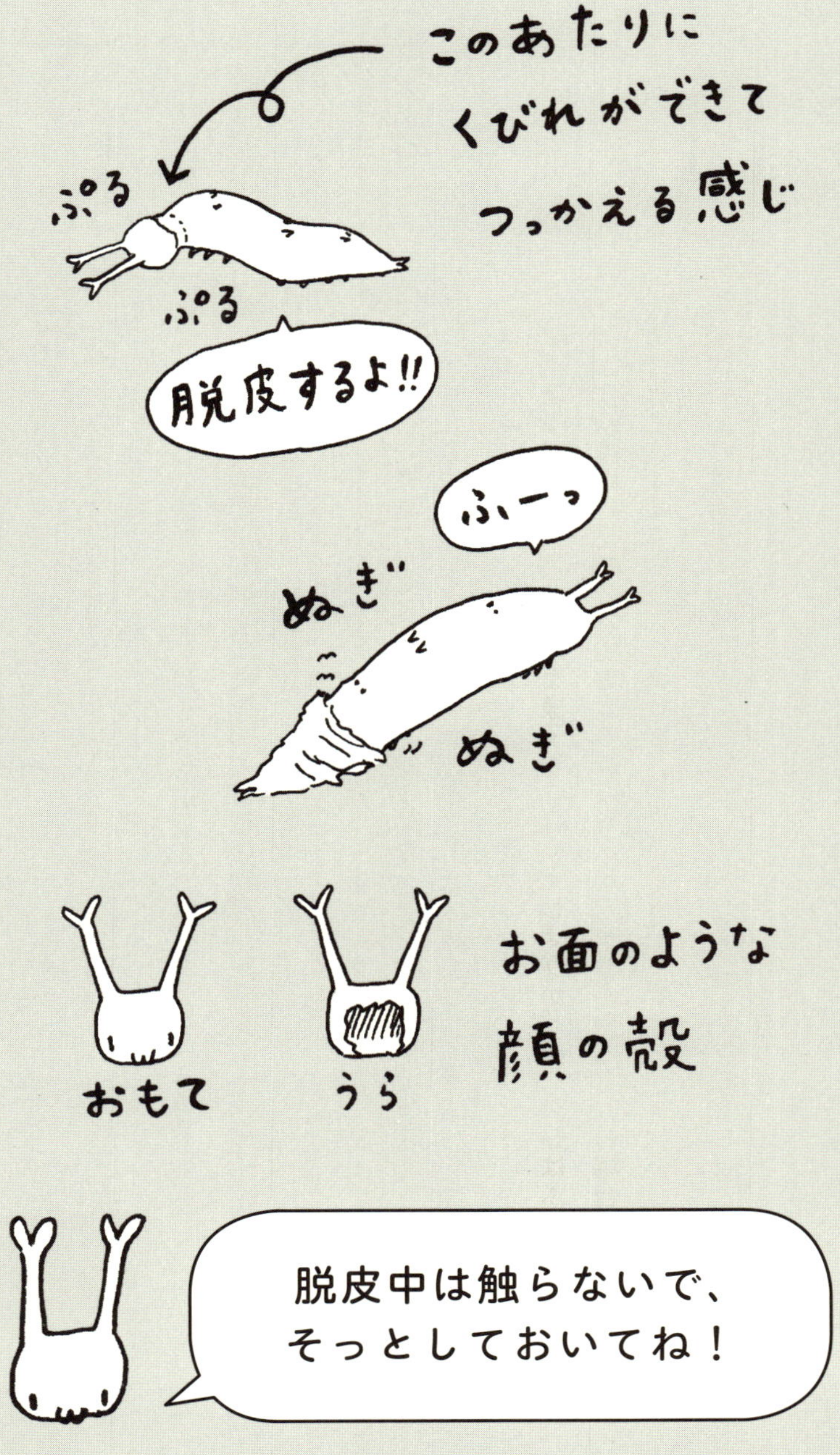
このあたりに
くびれができて
つっかえる感じ
ぷる
ぷる
脱皮するよ!!
ふーっ
ぬぎ
ぬぎ
お面のような
顔の殻
おもて
うら
脱皮中は触らないで、
そっとしておいてね！

11 ゴマちゃんの一年

ちょっとややこしいゴマちゃんの一年をここで整理しておきます。

冬を越《こ》した幼虫が初夏《しょか》に成虫になり産卵、次の世代《せだい》は夏に成虫になり産卵、さらに次の世代は秋に成虫になり産卵、その時生まれた幼虫は、すぐには成虫にならず、冬眠《とうみん》して春を待ちます。年に三回、世代交代《せだいこうたい》を行うわけです。ただ、その地《ち》域《いき》の気候やその年の温度変化によって、その時期は変化します。寒冷地《かんれいち》での世代交代は一〜二回しか行われません。

ただ、例外がないわけではなさそうです。間違えて（?）秋の終わり頃に成虫になってしまったり、もっと早くに生まれた幼虫がそのまま越冬したり。ヒートアイランド現象《げんしょう》や温暖化《おんだんか》により気温の変化があれば、さらにこういった生態《せいたい》が変化することもあるかもしれません。注意して見守りたいところです。

年に何回羽化するかは種類によっても違います。ゴマちゃんとかなり似た生態のオオムラサキでは、年一回しか成虫になりません。成虫を見られる時期は、夏だけに限られているのです。

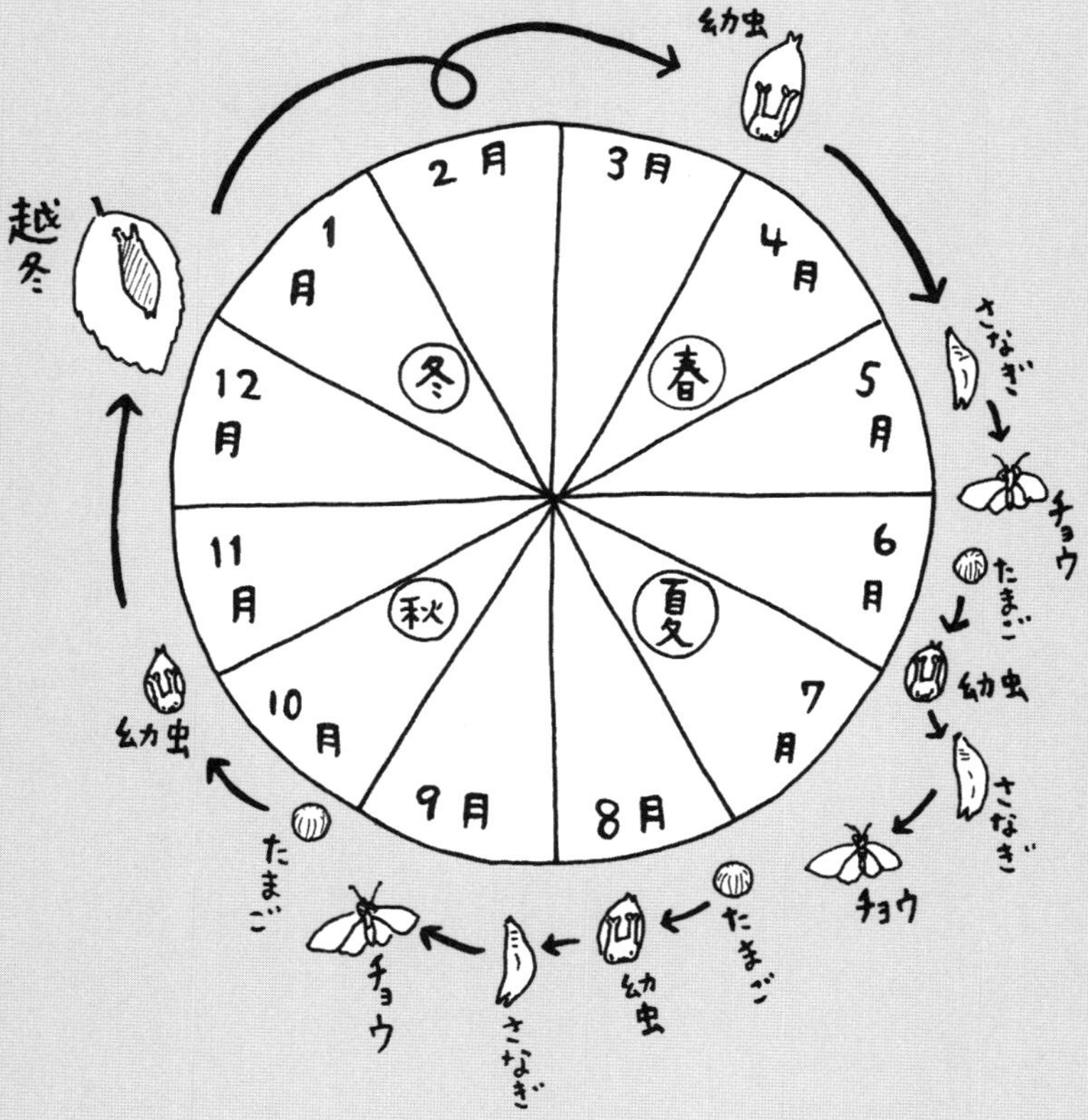
越冬
幼虫
1月
2月
3月
4月
5月
6月
7月
8月
9月
10月
11月
12月
冬
春
夏
秋
さなぎ
チョウ
たまご
幼虫
さなぎ
チョウ
たまご
幼虫
さなぎ
チョウ
たまご
幼虫

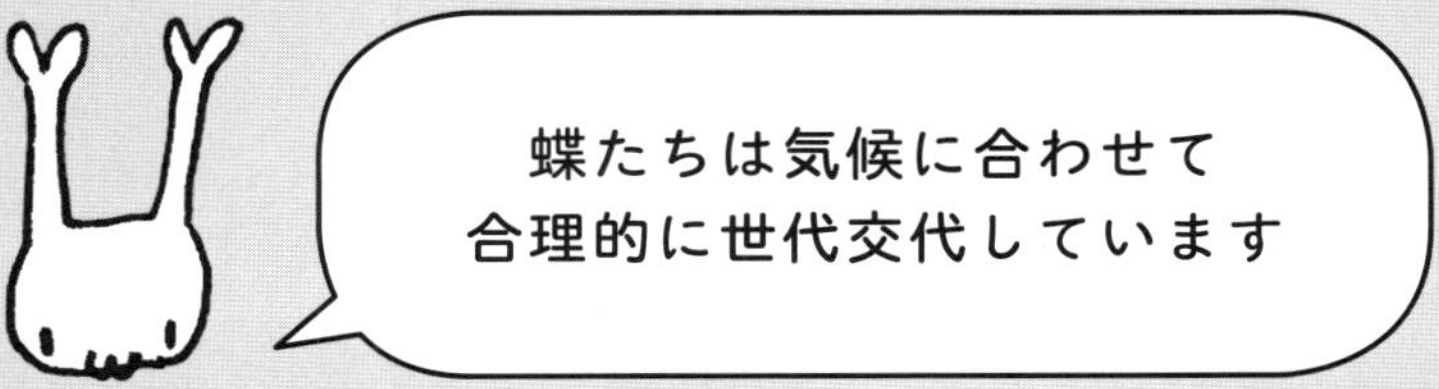
蝶たちは気候に合わせて
合理的に世代交代しています

12 冬が近づくと……

昆虫たちの多くは、冬の寒さの中では元気に活動することができません。それぞれ、お気に入りの場所でじっとして春が来るのを待ったり、卵や蛹の状態で春まで待ったり。どんな形態で越冬するのかを「越冬態《えっとうたい》」という言葉で表現します。ゴマちゃんの越冬態は幼虫です。

冬が来るとゴマちゃんにも劇的な変化が起こります。普段は緑色の葉っぱの上で生活するゴマちゃん。寒くなると樹《き》から降《お》りてきて、ふかふかな落ち葉の中からお気に入りの一枚を選び、そこにくっつきます。体はだんだんと茶色くなり、落ち葉にそっくりに。その状態で、春までじっと誰にも見つからないように過《す》ごすのです。

また、冬を越す前の最後の脱皮で、顔の雰囲気《ふんいき》が変わります。寒さに備《そな》えてなのか、角は短くふっくらと！　脱皮の時点で冬越しを意識《いしき》しているんですね。越冬中《えっとうちゅう》のゴマちゃんは、まるでぬいぐるみのような見た目です。

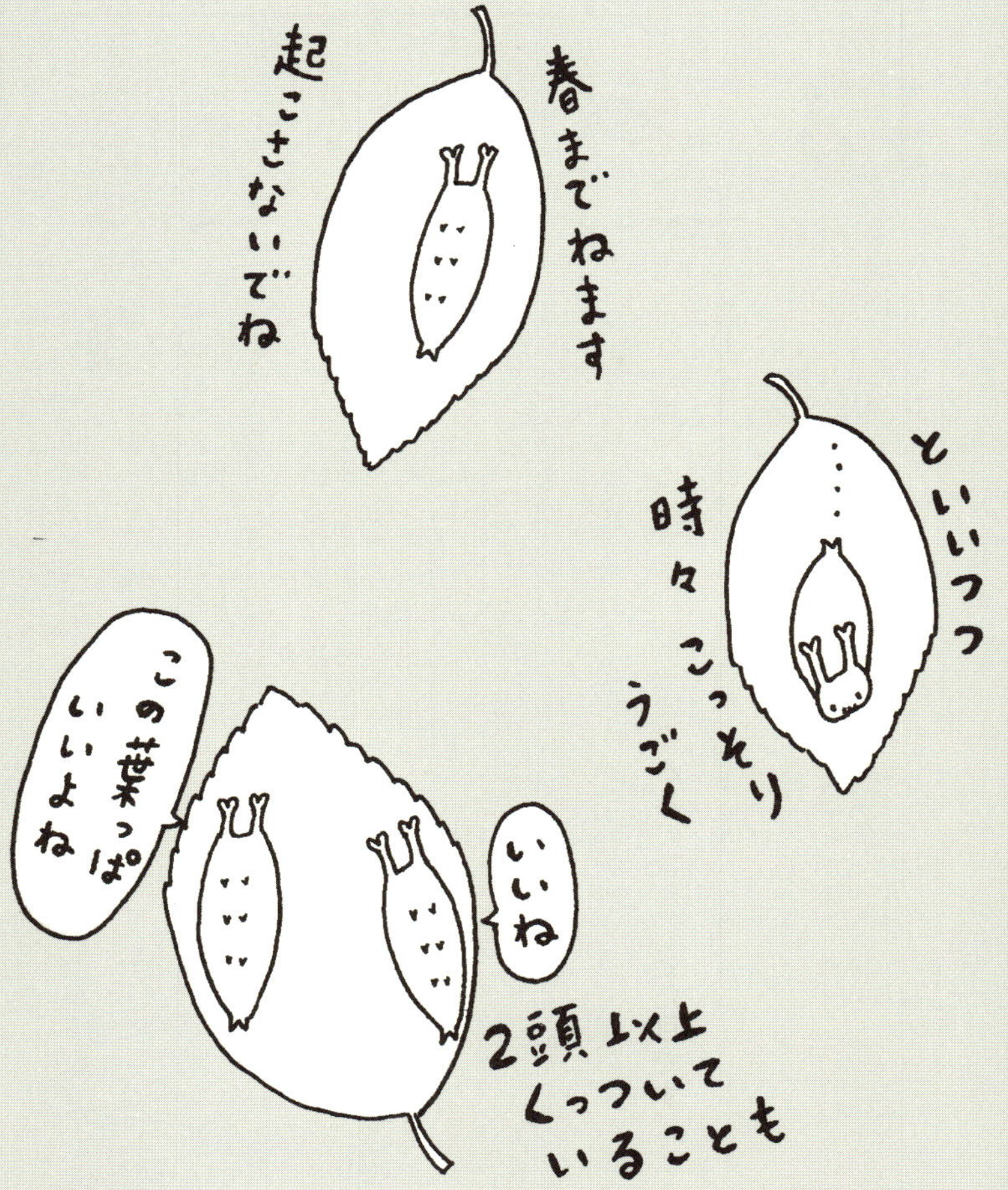
春までねます
起こさないでね
といいつつ
時々こっそりうごく
この葉っぱいいよね
いいね
2頭以上
くっついて
いることも

ゴマちゃんは茶色い
幼虫の姿で冬を越します

13 眠るゴマちゃん

冬の間、ゴマちゃんはエノキの根元の落ち葉で眠《ねむ》っています。といっても、何があっても起きないような深い眠りについているわけではないようです。葉っぱが乾燥《かんそう》しすぎたときなどには、少しだけ、移動します。移動スピードは暖かい時期と違い、かなりゆっくり。

人間ならば、暖《あたた》かい場所で眠りたい気もするのですが、ゴマちゃんたちは、程《ほど》よい寒さのある場所の方が良いようです。エサとなるエノキの新芽《しんめ》が芽吹く前に目覚めてしまえば、餓死《がし》してしまう可能性《かのうせい》もあります。

雨風《あめかぜ》には無抵抗《むていこう》。強い北風に、葉っぱごと吹き飛ばされてしまうこともあります。落ち葉掃除《そうじ》を積極的にするような公園では、ほとんど生き残ることができません。エノキの根元の水はけが悪ければ、大雨や大雪で溺《おぼ》れてしまうこともあります。そんな試練をくぐり抜けたゴマちゃんだけが、春に目覚めることができるのです。冬眠も簡単《かんたん》ではないんですね。

エノキ
ここに
いるよ

根っこのまわりに
落ち葉がたまっていることが
ポイント!!

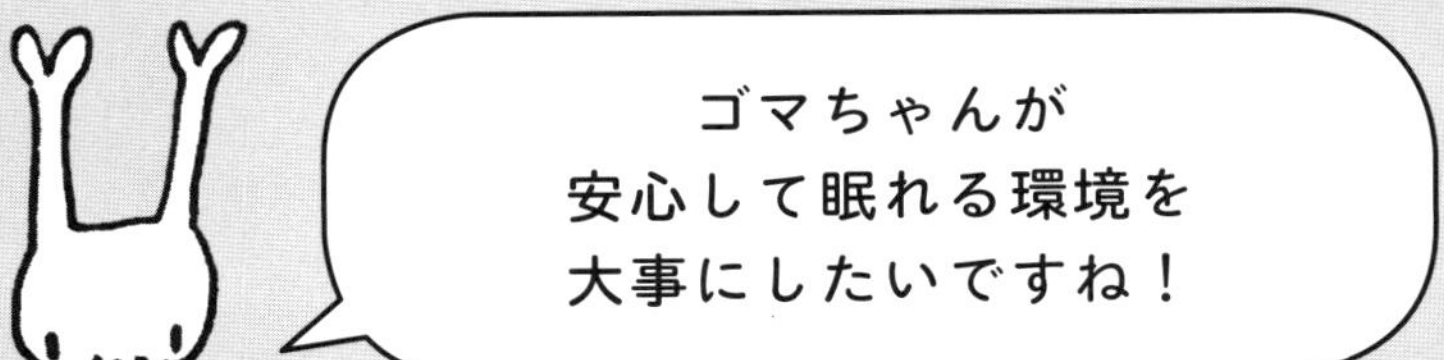
ゴマちゃんが
安心して眠れる環境を
大事にしたいですね！

14 ゴマちゃんの目覚め

冬が終わり、新芽が出始める頃。落ち葉で眠っていたゴマちゃんはいよいよ目を覚まします。活動を始めたゴマちゃんはエノキの幹《みき》を登り、新芽を目指します。冬の間にもわずかに移動することはありますが、その時のノロノロした移動とは違い、なかなかのスピードでぐんぐん上に登っていきます。

これを自分の目で実際に観察することは難しいかもしれません。三〜四メートルくらい登った時点で、小さなイモムシであるゴマちゃんを見つけることはかなり困《こん》難《なん》になります。根元の落ち葉に越冬幼虫《えっとうようちゅう》がいるエノキを見つけておいて、早春《そうしゅん》にそのエノキを何度も注意深く探していれば、出会えることもあるかもしれません。

二〇メートル近くもある大木《たいぼく》でも、ほとんど迷《まよ》うことなく登っていく姿には驚《おどろ》かされます。

高い位置の枝先まで登ってしまったゴマちゃんは、継続《けいぞく》して観察することが難しくなります。ちょっと残念な感じもしますね。

こうしてまた一年が始まります。

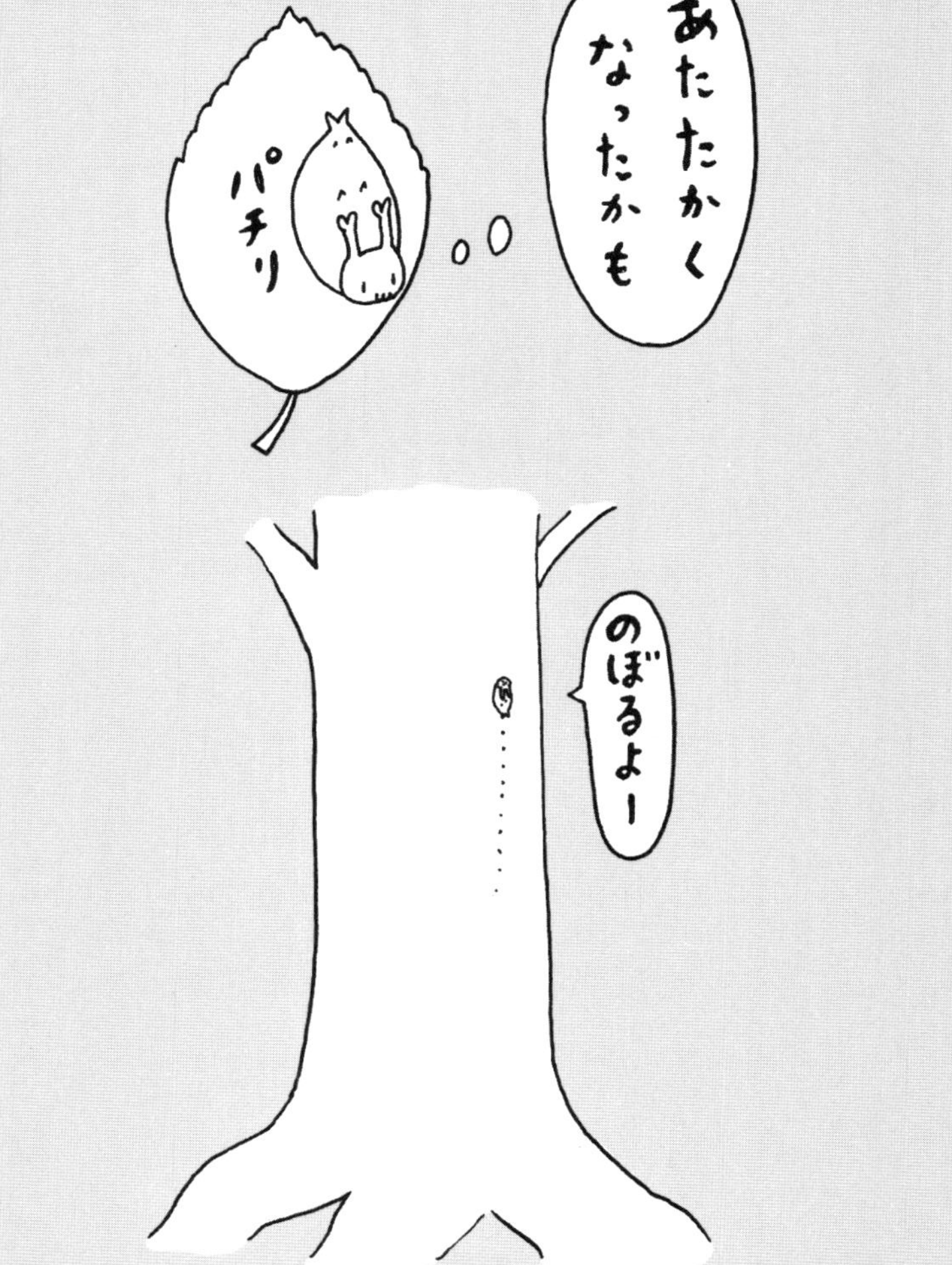
あたたかくなったかも
パチリ
のぼるよー
早春に目覚めたゴマちゃんは木を登っていく！

15 エノキが好き！

ゴマちゃんは何を食べて生きているのでしょうか。観察してみると、エノキという植物の葉以外はほとんど口にしないようです。エゾエノキ、クワノハ（リュウキュウ）エノキといった、かなり近い種類の葉ならば食べるのですが、身近な平地で見られるのはほぼ普通《ふつう》のエノキだけでしょう。

いろいろな種類の葉を食べるイモムシもいますが、ごく限られた種類の葉しか食べないイモムシもいます。それぞれ、ジェネラリスト、スペシャリストという言い方をします。ゴマちゃんはスペシャリストなのです！

エノキの葉しか食べないゴマちゃんのうんちは臭《くさ》いのでしょうか。暗い緑色をした糞を実際に集めて匂《にお》いをかいでみたことがありますが、私《わたし》はまったく臭いとは思いませんでした。微《かす》かに発酵《はっこう》した葉っぱの匂いという感じです。エノキの葉の表面を顕微鏡《けんびきょう》で観察すると、とても細かい箱状《はこじょう》の模様が見えます。うんちを顕微鏡で観察すると、細かく砕《くだ》かれているものの、やはり同じ模様が観察できました。意外と形が残っているのですね。

さて、通常は青々しく柔《やわ》らかい葉を食べるゴマちゃんですが、枯《か》れた葉が近くにあると、それを食べてしまうことがあります。そんなときには薄茶色《うすちゃいろ》のうんちになります。食べた葉っぱの色がそのまま反映《はんえい》されるんですね。

エノキ
おいしい！
ムシャ
バリ
ムシャ
バリ
えっへん
スペシャリスト
ゴマちゃんはエノキの
葉を食べて育ちます

16 エノキを探せ！

ゴマちゃんが大好きなエノキ。いったいどんな植物なんでしょうか。料理に使うきのこが思い浮《う》かぶ方もいるかもしれません。しかし、そちらは「エノキタケ」が正式名称《せいしきめいしょう》。エノキを含《ふく》む多くの広葉樹《こうようじゅ》から生えるためにその名がついています。きのこではない、植物の「エノキ」は、明るい林や山地で見られる樹木で、公園にもよく植えられています。

エノキの葉っぱは昆虫たちに大人気。ゴマダラチョウの他にも、国蝶オオムラサキ、テングチョウ、ヒオドシチョウといった蝶の幼虫や、タマムシの成虫がその葉を食べます。

秋になると小さな実をたくさんつけます。ムクドリやヒヨドリといった身近な野《や》鳥《ちょう》や、イカル、シメなど、大きなくちばしを持つアトリ科の野鳥が好んで食べます。タヌキもこの実を食べているようで、糞をした場所からは新しいエノキが芽を出します。

エノキはどうやったら見つけられるのでしょうか。慣《な》れるとなんとなく雰囲気で分かるようになってくるのですが、まずは葉の形や枝へのつき方で見分けるのが確実《かくじつ》です。ただし、中には「図鑑《ずかん》を頼《たよ》りに調べても、絶対《ぜったい》にエノキだと分からない！」と思うくらい変わった葉もあります。植物は不思議ですね。

これがエノキだ!!

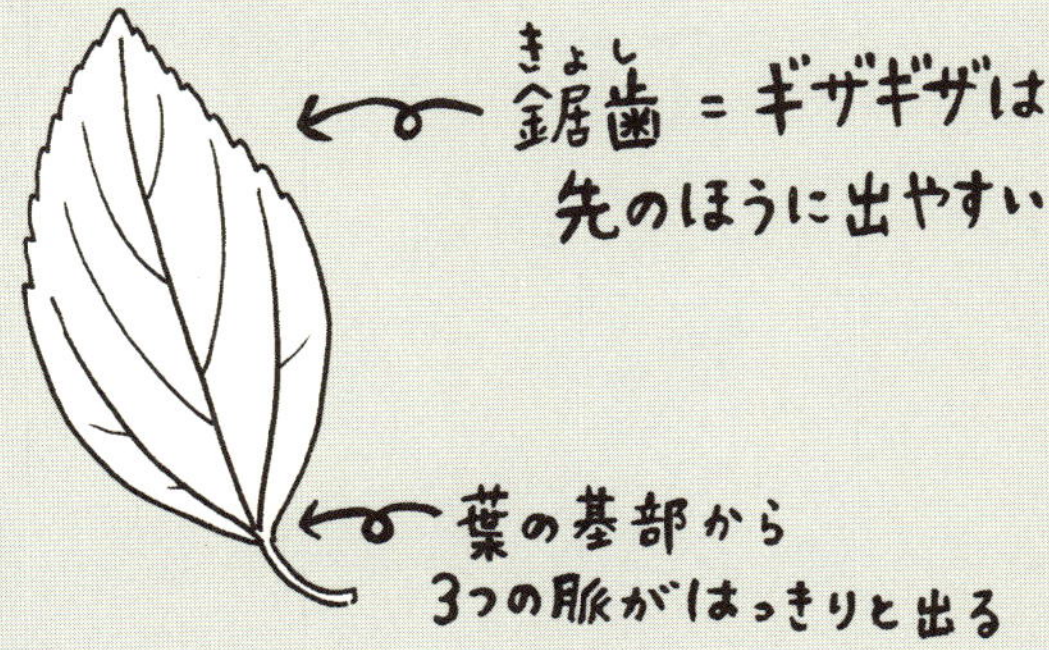
鋸歯《きょし》＝ギザギザは
先のほうに出やすい
葉の基部から
3つの脈がはっきりと出る

注意
しかし例外あり…

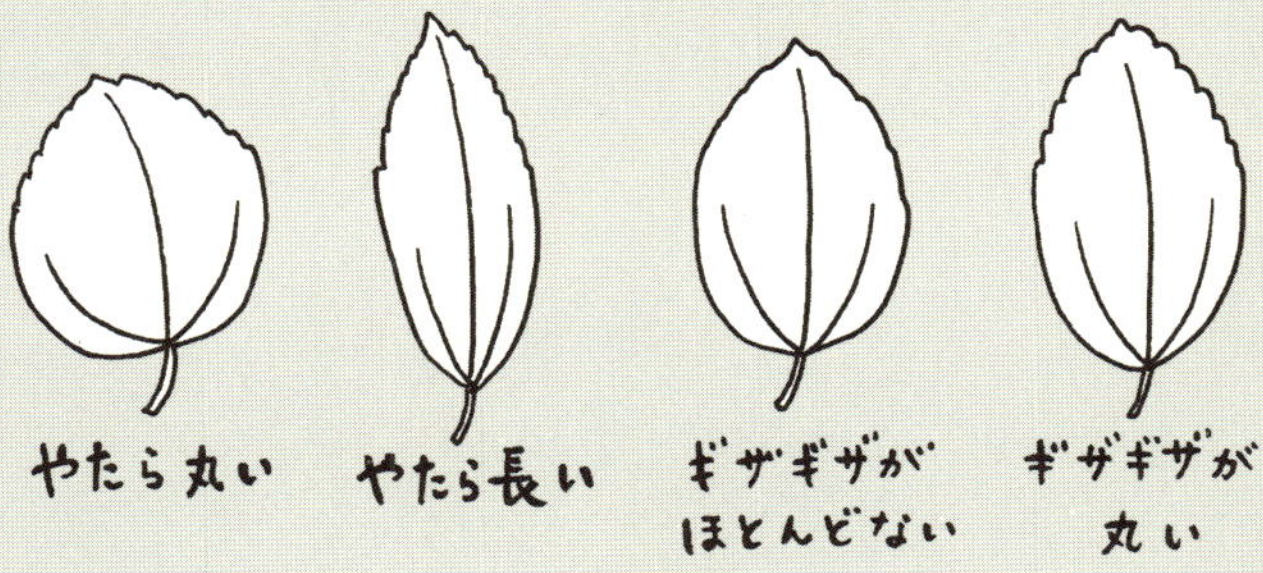
やたら丸い
やたら長い
ギザギザが
ほとんどない
ギザギザが
丸い

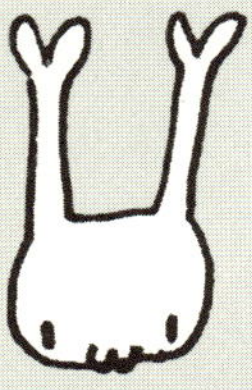

ゴマちゃん探しは
まずエノキの葉を
覚えることから！

17 脚の仕組み

ゴマちゃんの脚《あし》は、いったいいくつあるのでしょうか。歩いている時にじっくり観察してみると、顔のすぐ後ろに三対《さんつい》、もう少し後ろに四対、そしてお尻のあたりにもう一対の脚がついていることが分かります。合計一六の脚があることになりますね。

胸脚《きょうきゃく》と呼ばれる前の三対は少し細長く、葉っぱを摑《つか》むような器用な使い方もできます(個人的《こじんてき》には、この胸脚を「手」と呼びたい!)。腹脚《ふくきゃく》と呼ばれる後ろの脚は、ポコンポコンとしっかりとからだを支《ささ》えるために使っているようです。この腹脚さえ安定していれば、上半身《じょうはんしん》(?)はかなり自由に動きます。

さて、ゴマちゃんの生活を観察していると、「あれ? 脚が一対足りない?」と思うことがよくあります。少しうつむくような姿勢をしていることが多いゴマちゃん。先頭の一対は、アゴのあたりに隠《かく》れてしまうようです。

脚はいくつあるの？

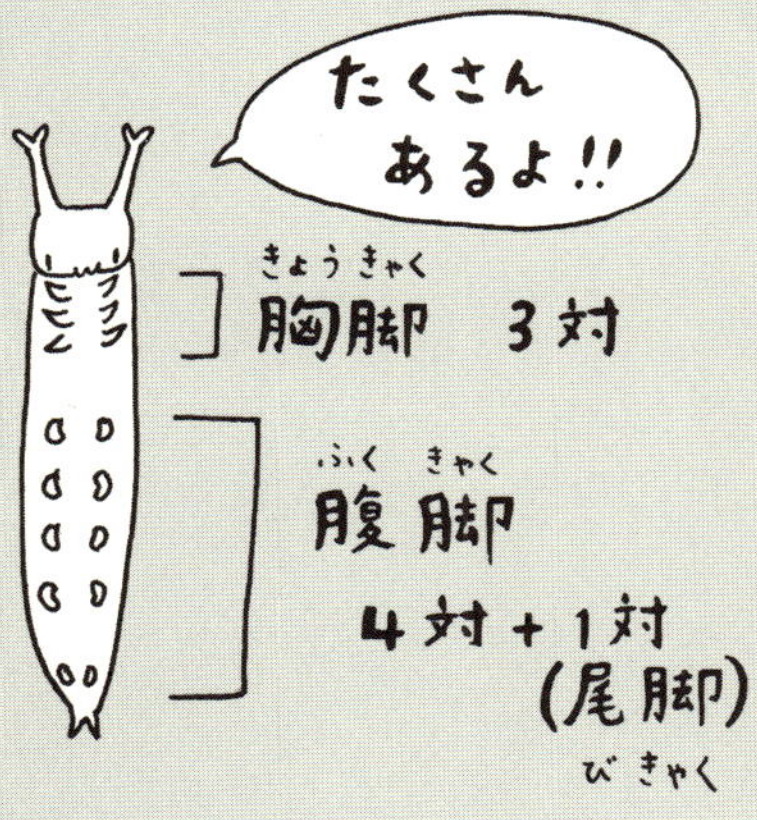
たくさん
あるよ!!
胸脚《きょうきゃく》 3対
腹脚《ふくきゃく》
4対＋1対
(尾脚《びきゃく》)

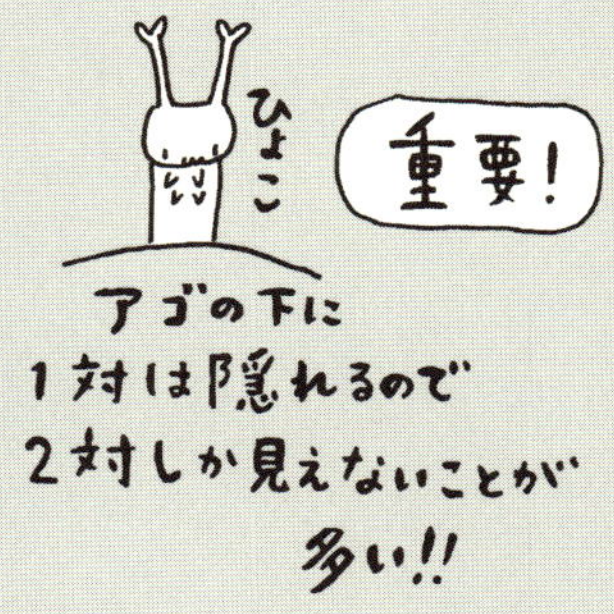
ひょこ
重要!
アゴの下に
1対は隠れるので
2対しか見えないことが
多い!!

つかむ
胸脚は「手」みたい

腹脚で
しっかりはさむと
体が安定!!

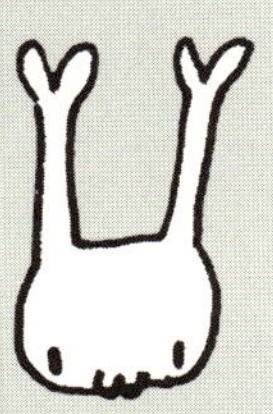

胸脚を器用に使ってものを
掴む動作は必見です！

18 角の仕組み

ゴマちゃんには大きな角が生えています。いったいなんのためにあるのでしょうか。ある程度硬さのあるこの角は、侍《さむらい》の兜《かぶと》のようでもあります。鹿《しか》の角にも似ているでしょうか。角をよく見てみると、さらに小さな角、というよりトゲが交互《こうご》に生えています。

脱皮したあとの顔の殻を顕微鏡で見てみると、さらに顔の表面に細かいトゲトゲがあることも分かります。

立派な角のゴマちゃんを見つけやすいのは、夏から秋にかけて。越冬する時には、大きな角は邪魔《じゃま》なのでしょう。越冬前の脱皮の時点で、短く太い角になります。やわらかい感じのその角は、角というより耳。哺《ほ》乳類《にゅうるい》のような印象です。

ちなみに、大きくなった幼虫の角をよく見ると、ほんのすこしジグザグに曲がっているのですが、これはエノキの枝の特徴でもあります。サイズはかなり違うのですが、ちょっとだけエノキを真似しているのかもしれませんね。

ツノ
何のためにあるの？
なんだろうね
ふわふわ
越冬モード
シャキーン
冬以外のツノは立派
よく見ると細かいトゲがたくさん!!
大きな角はゴマちゃんのトレードマーク！

19 ゴマちゃんの戦い

時には、カブトムシやクワガタムシのバトルに匹敵《ひってき》する、ゴマちゃんの熱い戦いが見られることもあります。ある日のこと、細い枝で、大きく育った二頭のゴマちゃんが出会いました。休んでいたゴマちゃんに、散策《さんさく》をしていたゴマちゃんの角が接触《せっしょく》。その瞬間に戦いが始まります！

お互いに、同じ種類のイモムシだとは認識していないのかもしれません。とにかく、ゴマちゃんたちは、顔の周りの「異物感《いぶつかん》」が気になってしまうようです。その「異物感」がなくなるまでは、角をぶんぶん振《ふ》り回し続けます。

まずは休んでいたゴマちゃんが全力でスイング！　散策ゴマちゃんにぶつかります。角同士がひっかかると、さらに気になるのか余計《よけい》に動きが激《はげ》しくなります。驚いた散策ゴマちゃんは少し体を反《そ》らします。しかし、進みたいと思っていた方向にはやっぱり進みたい。姿勢を持ち直すと、再び角が接触してしまいました。そして、お互いに体をブンブンブン！　休んでいたゴマちゃんは、威嚇《いかく》のつもりなのか、アゴをしっかり開いています。これに驚いたのか何なのか、散策ゴマちゃんは来た道を引き返し、別の場所へ向かっていきました（ちなみに、ゴマちゃんは前進だけでなく後退《こうたい》もできます）。

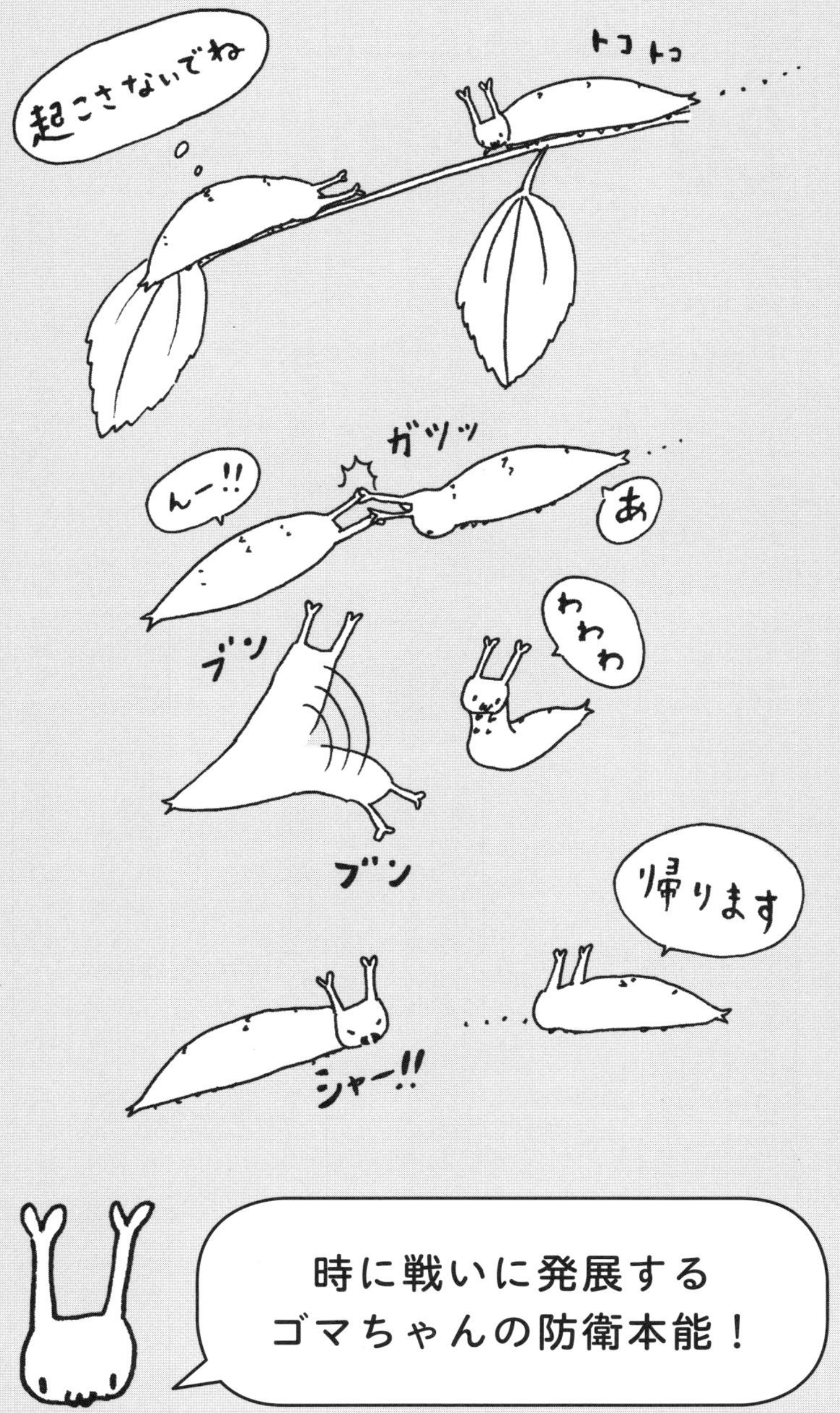
起こさないでね
トコトコ
ガツッ
んー!!
あ
ブン
わわわ
ブン
帰ります
シャー!!
時に戦いに発展する
ゴマちゃんの防衛本能！

20 ナメクジじゃないよ

ゴマちゃんのシルエットは、あるいきものに似ています。それは……ナメクジです。オオムラサキの幼虫なども含め、「ナメクジ型の幼虫」という言い方をされることがあります。正面《しょうめん》からの顔はまったく似ていないものの、伏せた姿はたしかにナメクジ。ゆっくりと進むそのスピードも似ています。色や質感《しつかん》は別物ですが、二本の突起を含め、輪郭《りんかく》にはたしかに共通点があります。

頻度《ひんど》は高くありませんが、顔に限れば哺乳類《ほにゅうるい》に似ているとも言われることもあります。葉を食べている姿は、なかなかウサギに似ています。細かい動きで、ガジガジと葉をかじる姿はまさにウサギ！　越冬時、色が茶色くなり、角が短くなると、コアラのような雰囲気の顔になります。さて、みなさんは何に似ていると思いますか？

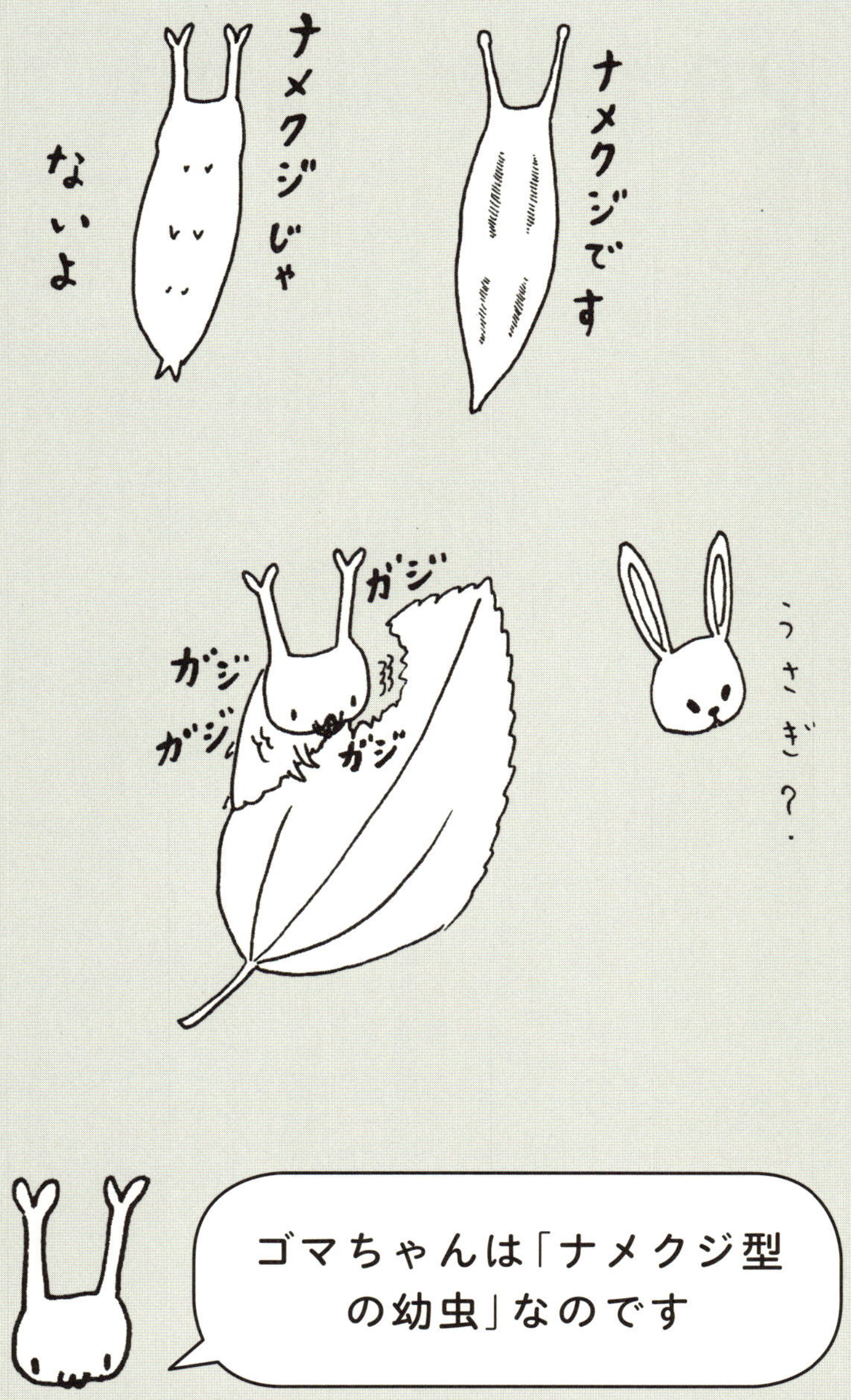
ナメクジです
ナメクジじゃないよ
ガジ
ガジ
ガジ
ガジ
うさぎ？
ゴマちゃんは「ナメクジ型の幼虫」なのです

21 はずかしがり屋

いつも顔を伏せているゴマちゃん。下半身《かはんしん》でしっかりと体を固定し、上半身は体を少し浮かせて休んでいることも多いのですが、顔はいつも下向き。何か考え込《こ》んでいるようなポーズにも見えます。

気温の高い日は、暑《あつ》さ対策《たいさく》なのか上半身を起こしていることもあります。それでも、人の気配を感じると、ゆっくり体を伏せていきます。

顔の写真を撮《と》りたいと思って、少し葉っぱをめくっても、さらに顔を押《お》し付けるようにして体を倒《たお》します。本人（本虫？）はそれを防御行動《ぼうぎょこうどう》のつもりでやっているのかもしれませんが、「顔を見られたくない」ような動きにも見えます。これがかわいらしい！

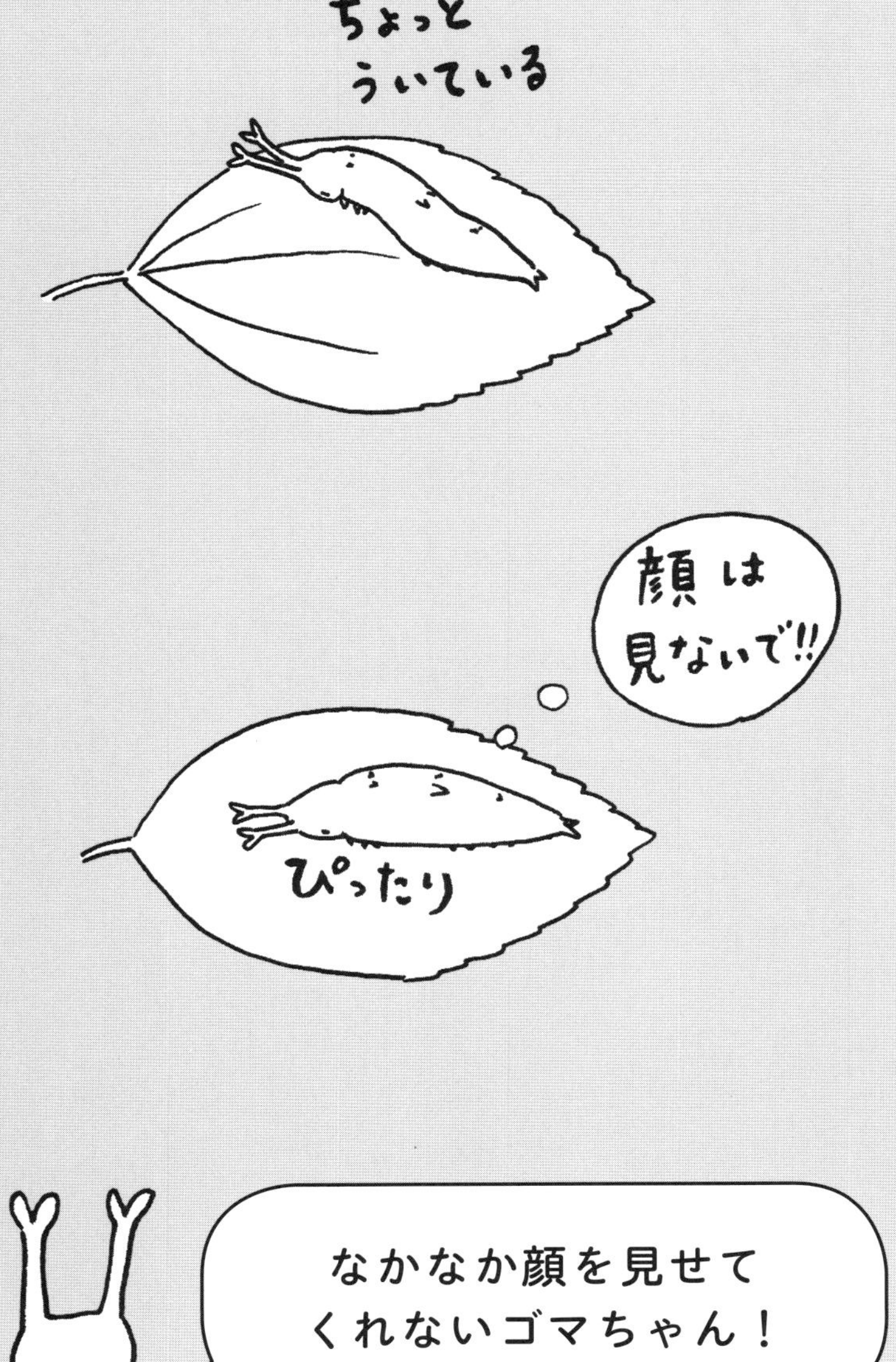
ちょっと
ういている
顔は
見ないで!!
ぴったり
なかなか顔を見せて
くれないゴマちゃん！

22 一日のスケジュール

ゴマちゃんは毎日、どんなスケジュールで動いているのでしょうか。

普段《ふだん》から自然観察をしていても、なかなかゴマちゃんが葉を食べている場面には出会えません。一日の大半は葉の上でじっと動かずにいるのです。時々、ふと思い出したように動き出し、葉をムシャムシャバリバリ食べたかと思うと、またすぐにほとんど動かなくなります。

食べているところを見たければ、ゴマちゃんのいる場所でじっと待ち続けるか、飼育する必要があるでしょう。

食べてすぐに寝《ね》ると牛になる、豚《ぶた》になるなんてことを言いますが、「イモムシになる」のかもしれませんね。

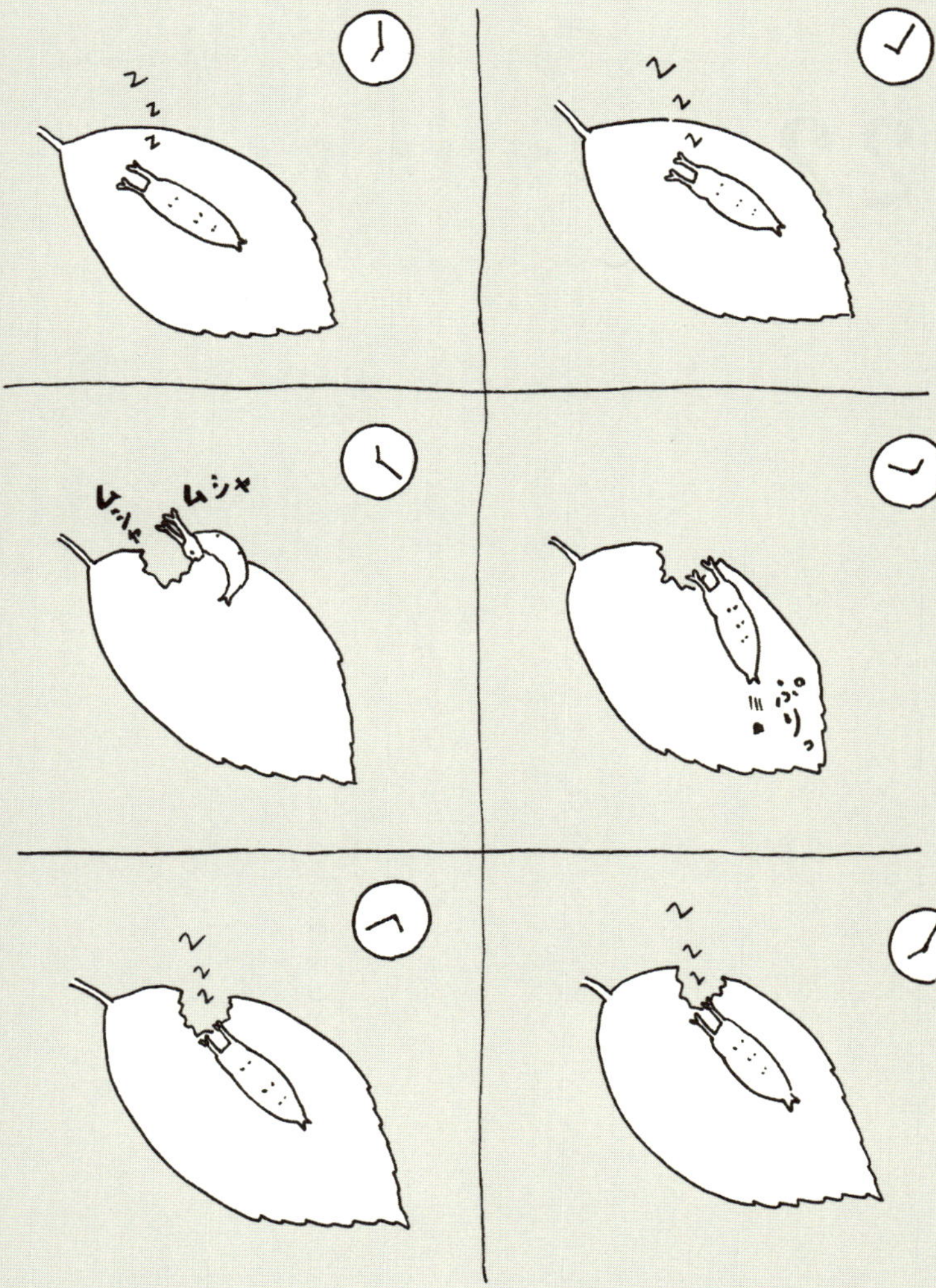

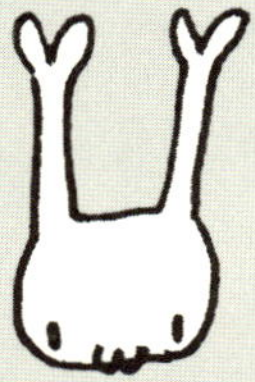

食事以外ではほとんど動く
ことがないゴマちゃん！

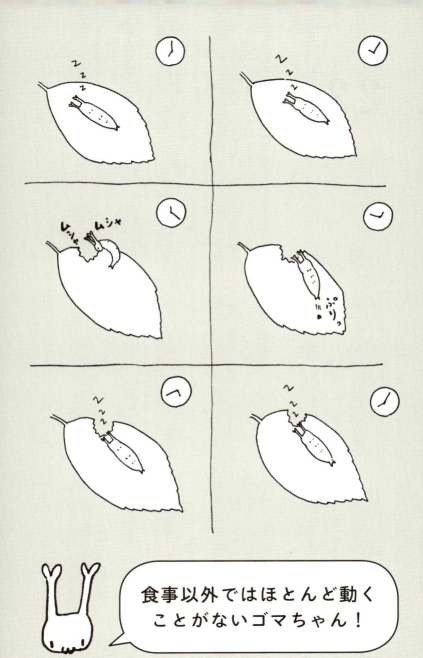

23 葉脈はキライ？

ゴマちゃんの食べた葉っぱを見てみると、おもしろい傾向《けいこう》があります。きれいに葉脈《ようみゃく》の筋に沿《そ》って食べられていることが多いのです。生まれたばかりの小さな幼虫は穴を開けるような食べ方をすることがありますが、基本的《きほんてき》に外側からガリガリと食べ進み、葉っぱが大きく欠けたような形で残ります。

いきものが餌《えさ》を食べた痕跡《こんせき》のことを食痕《しょっこん》といいますが、こういった特徴《とくちょう》から食痕を探すことで、よりゴマちゃんを見つけやすくなります。

小さなシャクトリムシやハムシは、ゴマちゃんに比べると細かく葉を食べたり、葉の内側に穴を開けるように食べる種類が多いのです。大きなイモムシは、ゴマちゃんによく似た食べ方をすることもありますが、見つけるためのヒントとしては役に立ちます。

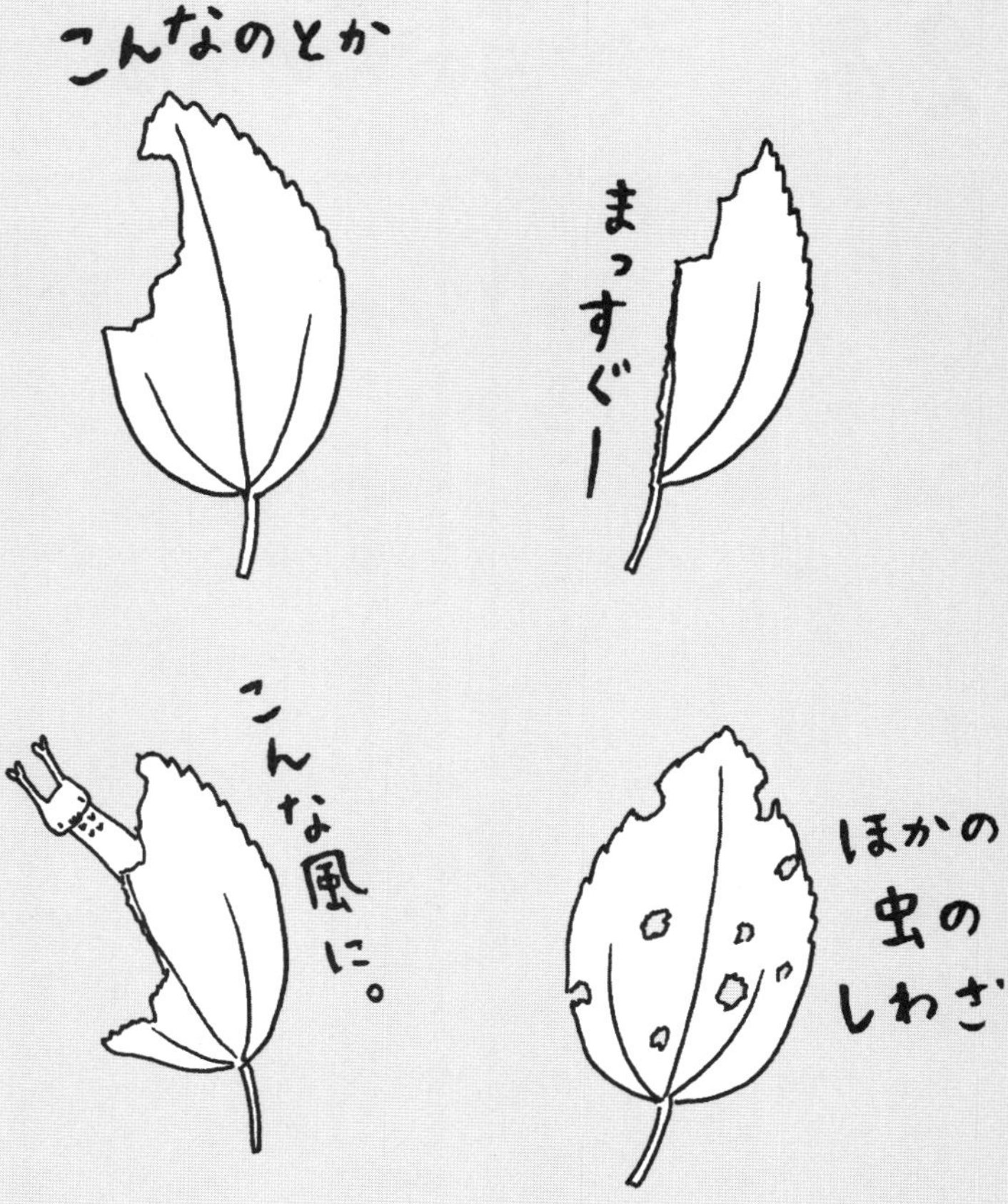
こんなのとか
まっすぐー
こんな風に。
ほかの虫のしわざ

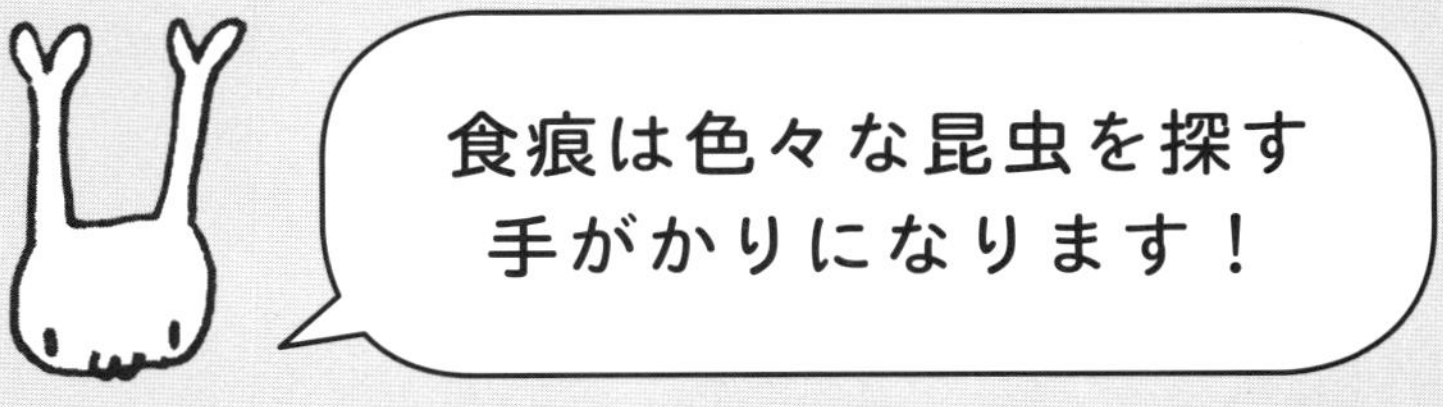
食痕は色々な昆虫を探す手がかりになります！

24 ゴマちゃんの天敵

育ったゴマちゃんたちは、みんな無事に蝶になれるんでしょうか。実際は、かなりの数がイモムシの姿のうちに命を落としてしまうようです。

鳥に食べられたり、肉食の虫に捕《と》らえられたり。実は、蝶や蛾の幼虫は、繁殖期の鳥たちの重要な食料となっています。脱皮直後、弱っているとアリにたかられてしまうこともあります。数多くの試練がゴマちゃんを待ち受けています。

蛹になったら一安心かというと、そんなことはありません。先にも少しお話したようにゴマちゃんの多くは、「寄生バチ」というハチの仲間に寄生されています。いよいよ羽化する、という時に、蛹を食い破って中からハチが出てくるのは珍《めずら》しいことではないのです。

無事にたくさんのゴマちゃんが羽化してほしいという気持ちもありますが、ある程度天敵《てんてき》に食べられてしまうことで、自然界のバランスが保《たも》たれているのでしょう。ちょっとかわいそうな気もしますが、他の生き物に食べられてしまうということも、自然界の中ではとても大切な役割なのです。

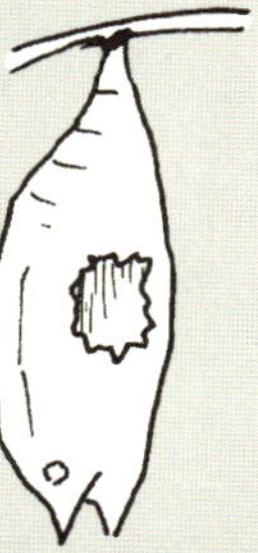

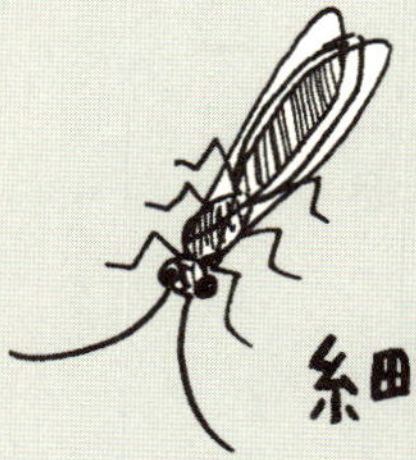

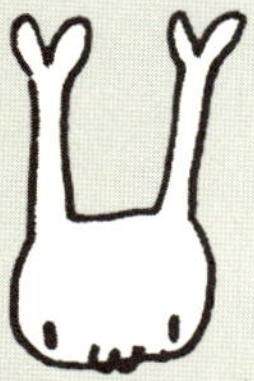

無事に羽化できるのは
試練をくぐり抜けた
ほんの一部だけ！

25 抜け殻を探す

春《しゅん》夏秋冬《かしゅうとう》、林の中を探していると、時々ゴマちゃんの蛹の殻が見つかります。秋の終わり～早春にかけては羽化することはないのですが、落ちたり飛んだりしなかった抜け殻が残っていることがあります。エノキの葉についていることがほとんどですが、近くの別の木でも時々見つかります。

外来種《がいらいしゅ》であるアカボシゴマダラは、蛹の形もゴマダラチョウそっくりです。そのため、アカボシゴマダラが増《ふ》えている地域では二種の蛹を間違えやすいのですが、ちゃんと見分けられるポイントはあります。どちらも、体の節ごとに小さな突起《とっき》があるのですが、アカボシゴマダラがそのでっぱりが目立つのに対し、ゴマダラチョウはむしろ次の節との間にあるへこみが目立ちます。

さて、もしも蛹の殻を見つけたら、ぜひ顕微鏡で見てもらいたいポイントがあります。葉や茎にくっついていた蛹の付け根部分。ここを拡大《かくだい》してみると……驚くべき構造《こうぞう》になっています。鉤爪《かぎづめ》のようなものが何十本も生えていて、これはまさにマジックテープ！　実際に、この蛹の付け根部分を服にくっつけてみると、マジックテープのようにしっかりくっついて、振り回しても取れなくなります。この仕組みがあるので、風が吹いてもそう簡単に蛹は落ちないんですね。

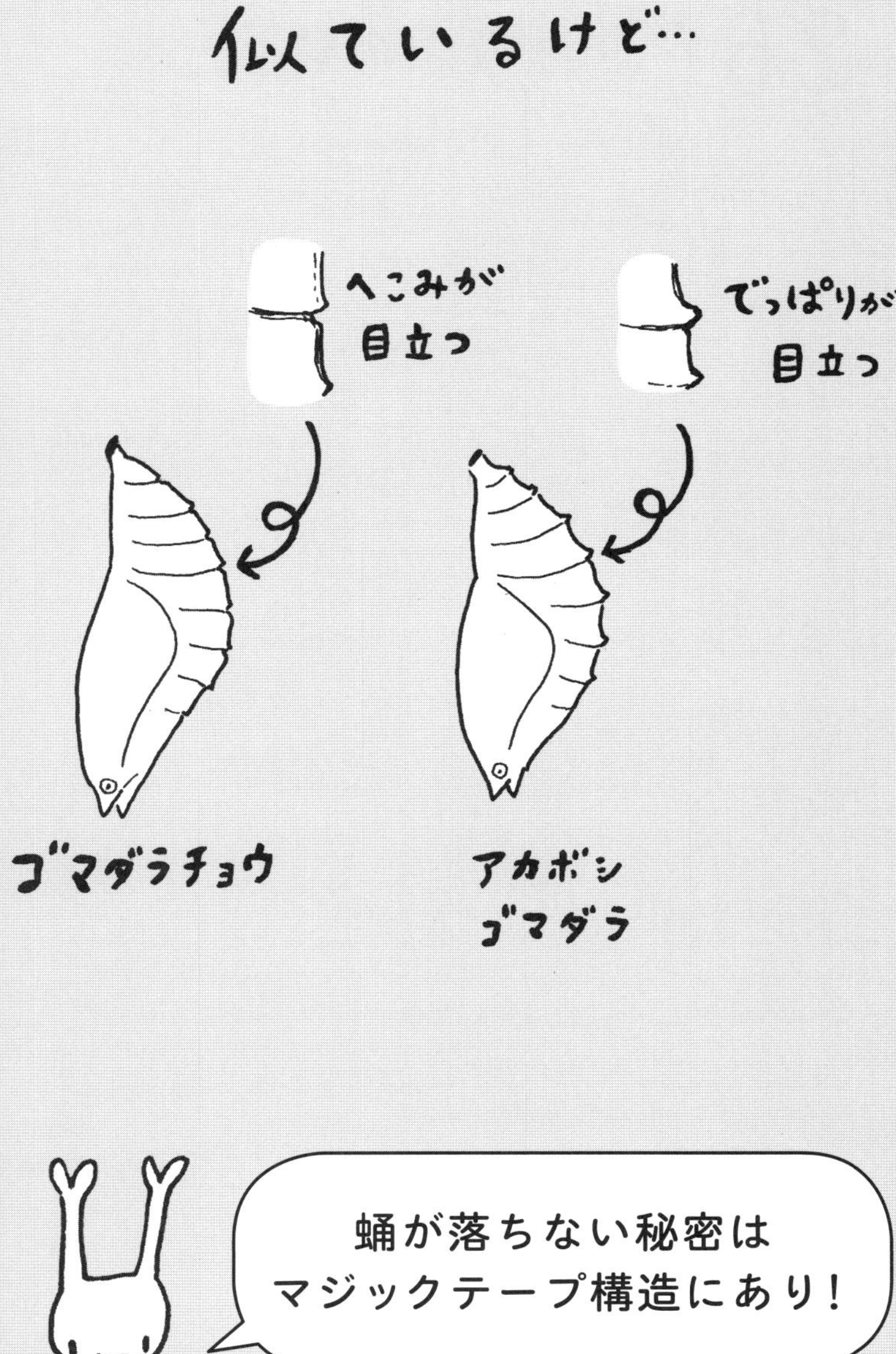
似ているけど…
へこみが
目立つ
でっぱりが
目立つ
ゴマダラチョウ
アカボシ
ゴマダラ
蛹が落ちない秘密は
マジックテープ構造にあり！

26 擬態の達人

ゴマちゃんは擬態《ぎたい》の達人《たつじん》です。緑色の幼虫は上手くエノキの葉にまぎれていて、なかなか見つかりません。擬態とは、身を守るために体の色や形などを周囲の物や植物・動物に似せることです。

先にお話したように、春先に脱皮した場合、体に赤みがあり、エノキの新芽とそっくりになります。かなり体が大きくなった頃、そして蛹になってからは、隠れるというよりも、まるで一枚の葉のようになります。

また、羽化した後の蛹の殻は冬に残るちぢれた枯れ葉にそっくりになります。蛹が葉に似ているのですから、枯れた葉と抜け殻が似るのも、偶然《ぐうぜん》のようで必然なのかもしれません。

別の視点《してん》では、危険《きけん》を感じたときの動きにも「達人」を感じることがあります。大きな気配を感じたとき、体を起こしていたゴマちゃんは伏せるような姿勢になります。ただ、その動きは非常《ひじょう》にゆっくり。それでは防御にならないのではないかと昔は思っていたのですが、これもゴマちゃんなりの工夫だと思うようになりました。ある時期に、写真の一部がとてもゆっくり変化していく映像《えいぞう》を見て、変化した場所を当てるクイズがテレビ番組で流行《はや》りました。ゆっくりと変化されると、なかなかその場所に気が付けないものなんですね。

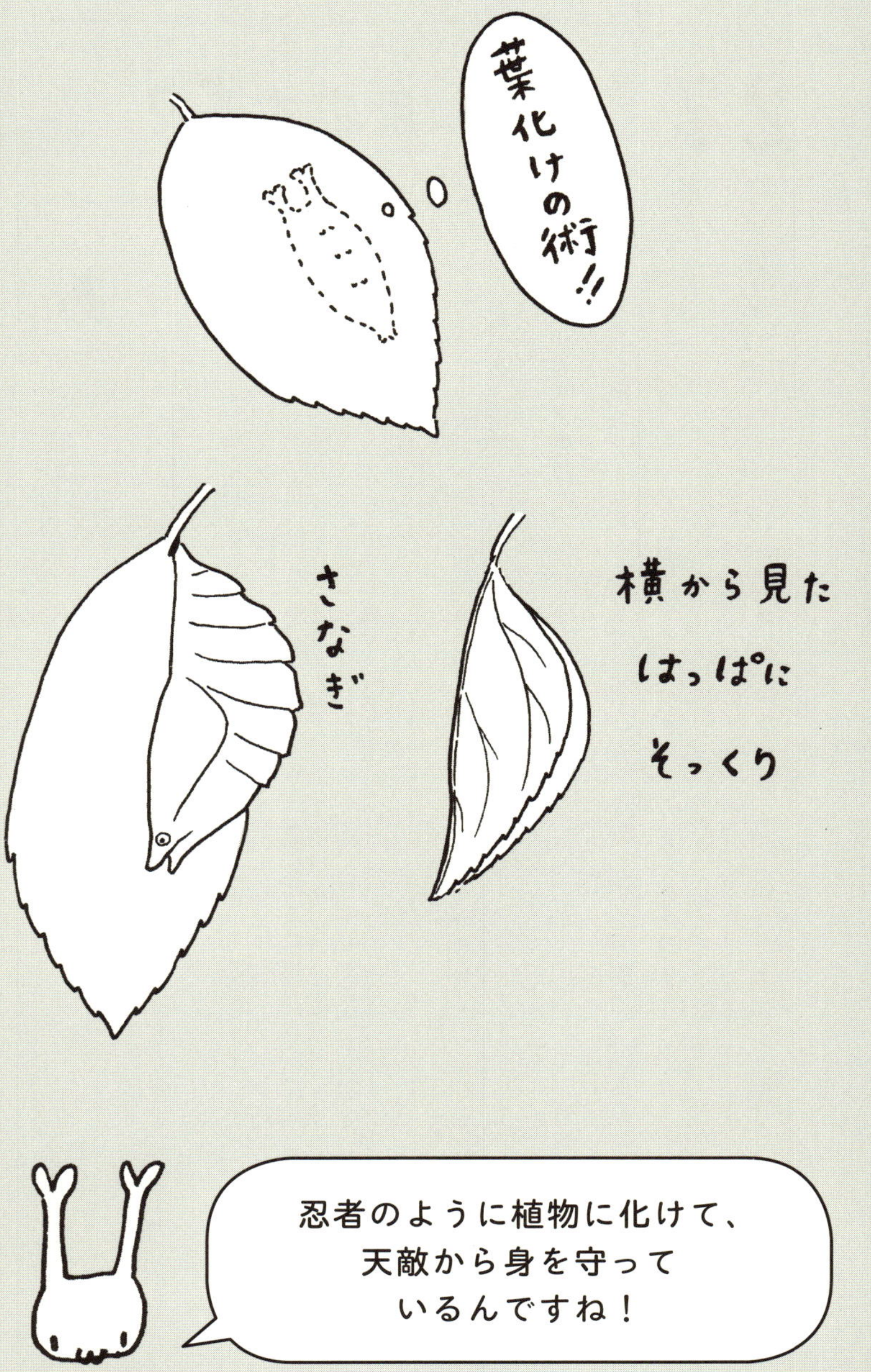
葉化けの術!!
さなぎ
横から見た
はっぱに
そっくり
忍者のように植物に化けて、
天敵から身を守って
いるんですね！

27 声に反応する？

ある日、葉の上で休んでいるゴマちゃんに声をかけたとき、反応《はんのう》したのかも!?と思ったことがありました。

「ゴマちゃん！」と声をかけた瞬間、ピクッと体が起き上がり、少し辺りをキョロキョロ。

本当に声に反応したのでしょうか。それとも、なんとなく人の気配を感じたのでしょうか。イモムシの体の表面にはたくさんの細かい毛が生えていて、音を感じることができるという話は聞いたことがありますが、どの程度の聴覚《ちょうかく》なのかは分かりません。

さて、イモムシは、哺乳類のペットのようにコミュニケーションをとることは残念ながらできません。飼育する場合にも、どちらかといえば「虫と仲良くなる」というよりは「飼育者の存在を意識させない」ことが虫にとって良い環境《かんきょう》であり、それが良い飼育だと思っています。

それでも、ちょっとだけ夢見《ゆめみ》るのがイモムシとの会話！

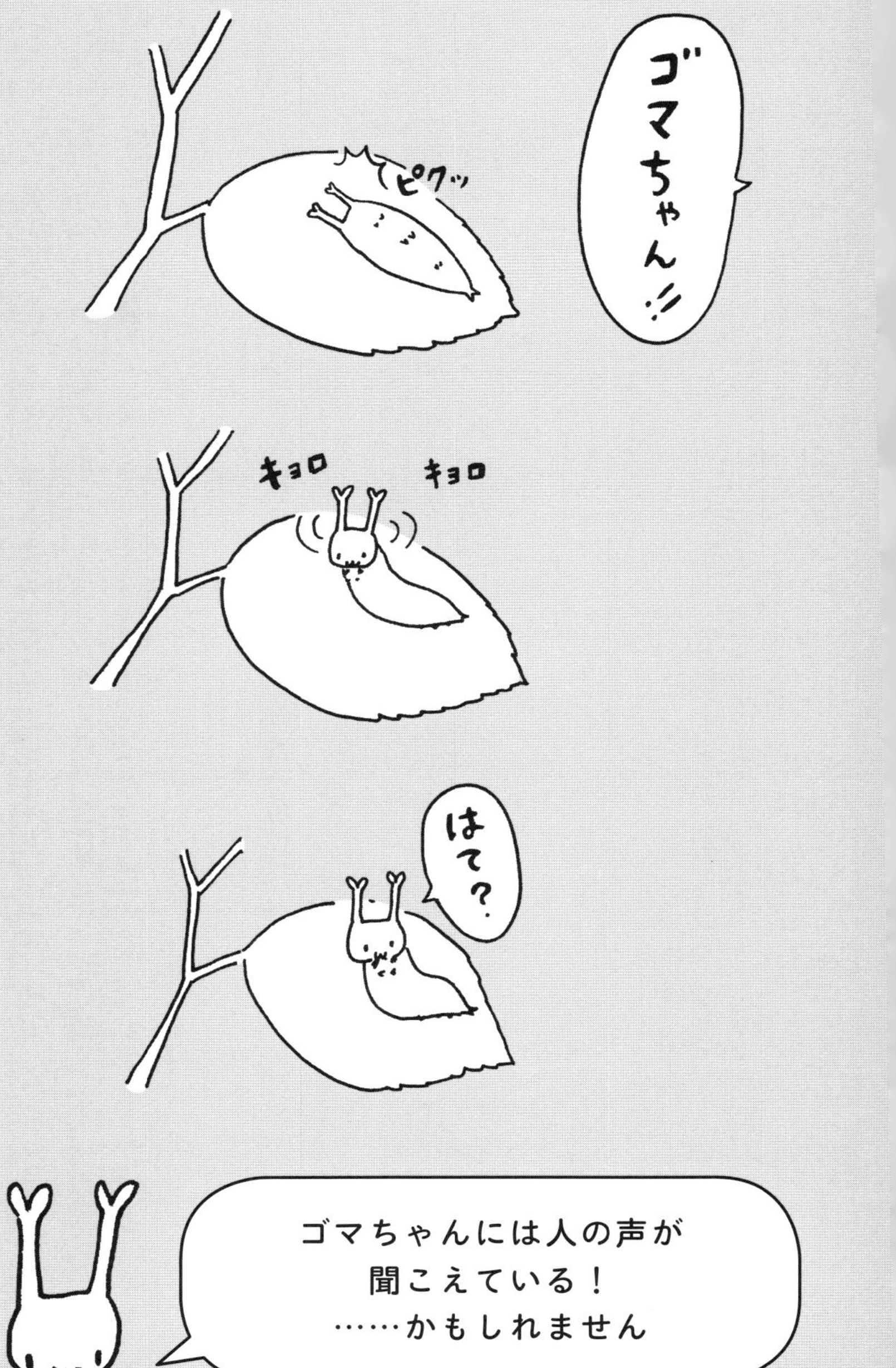
ゴマちゃん!!
ピクッ
キョロ
キョロ
はて?
ゴマちゃんには人の声が
聞こえている!
……かもしれません

28 顔の殻コレクション

ゴマちゃんが脱皮した後には、顔の脱皮殻が残ります。

他のイモムシも同様なのですが、ゴマちゃんのように、顔が大きく特徴的なイモムシの場合、この顔の殻も面白いものになります。

野生のゴマちゃんの顔の殻を採集《さいしゅう》することは難しいのですが、ひっかかって葉の上に残っていることもあります。

飼育下では確実に集められるこの顔の殻。コレクションすると、同じように見える顔にも、微妙な個体差《こたいさ》があることが分かります。順番に並べると、成長の様子も分かり、楽しいものです。

ところで、ゴマダラチョウやオオムラサキの幼虫をインターネットで画像検索《がぞうけんさく》していても、この顔の殻がよく出てきます。知らない人が見たら、生首《なまくび》!?と驚いてしまうかも。

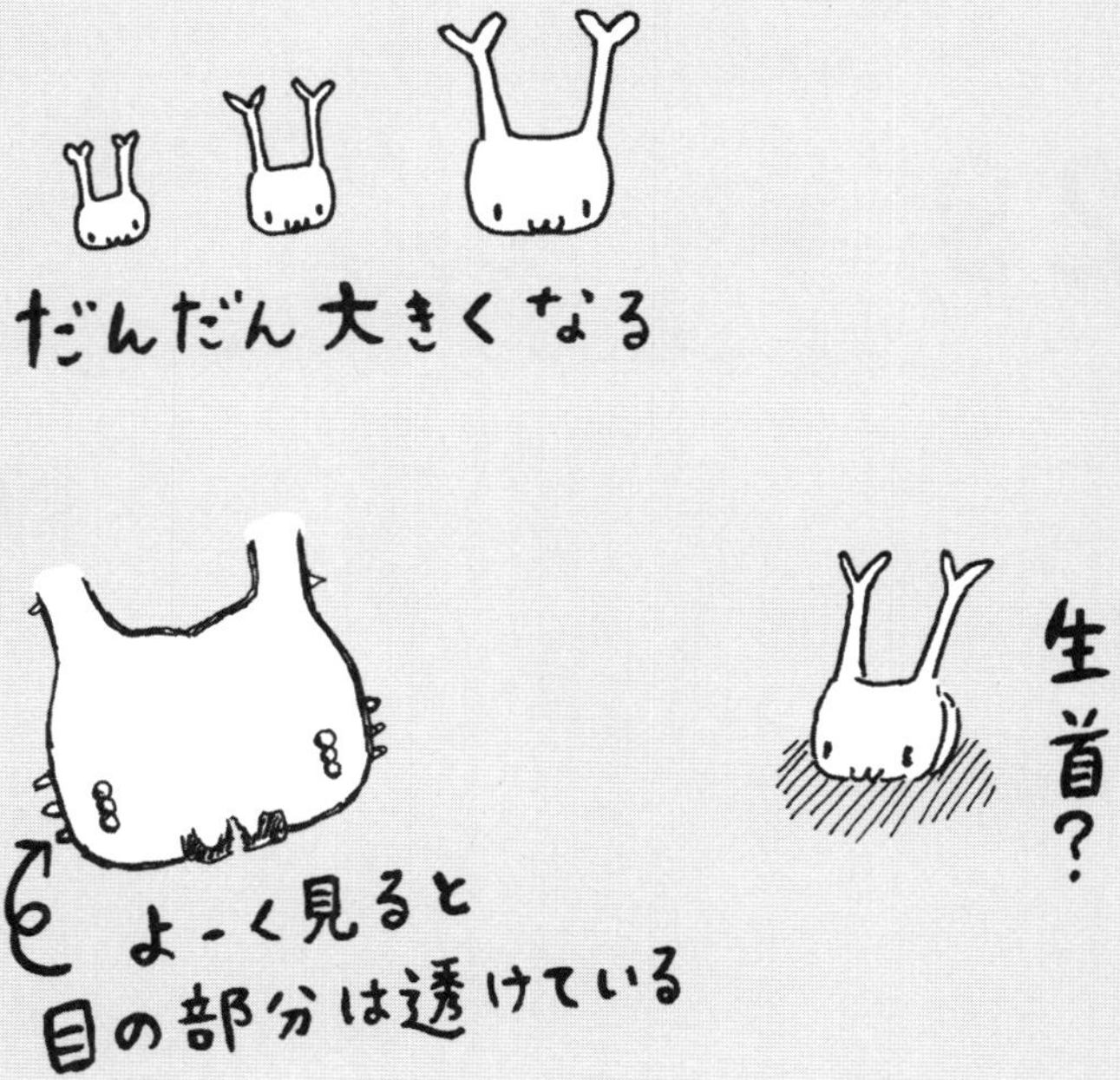
だんだん大きくなる
よーく見ると
目の部分は透けている
生首？

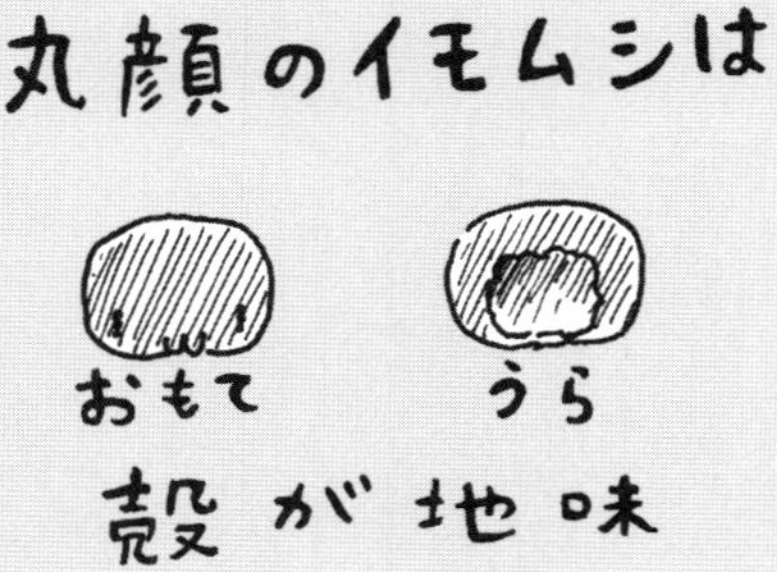
丸顔のイモムシは
おもて
うら
殻が地味

お面のような顔の殻を
コレクションしてみよう！

29 ゴマちゃんグッズを作る

好きないきものがいると、そのグッズを集めたくなります！　ゴマダラチョウとかなり近いオオムラサキは、国蝶として大人気のため、切手の図案《ずあん》にもなっていますが、ゴマダラチョウのグッズは探してもほとんど見つかりません。「虫グッズ」を販売《はんばい》する虫好きはたくさんいるのですが、見た目に際立《きわだ》った個性がない普通種《ふつうしゅ》にはなかなかスポットが当たりません。探しても探しても、ゴマダラチョウグッズは、本当に見つからないのです。

そんなときは、自分で作るのが一番！　シールやバッジなど、個人でも簡単《かんたん》に作れるものがたくさんあります。プラスチックの板にイラストを描いて、オーブントースターで縮ませることによって作るプラ板キーホルダーも流行っています。手芸用品店でパーツを購入《こうにゅう》すれば、ブローチ、指輪、髪飾《かみかざ》りなど色々と応用もできます。リュックやバッグに小さな虫グッズを付けていると、それが話のきっかけになり、虫仲間がさらに増えることもあります。

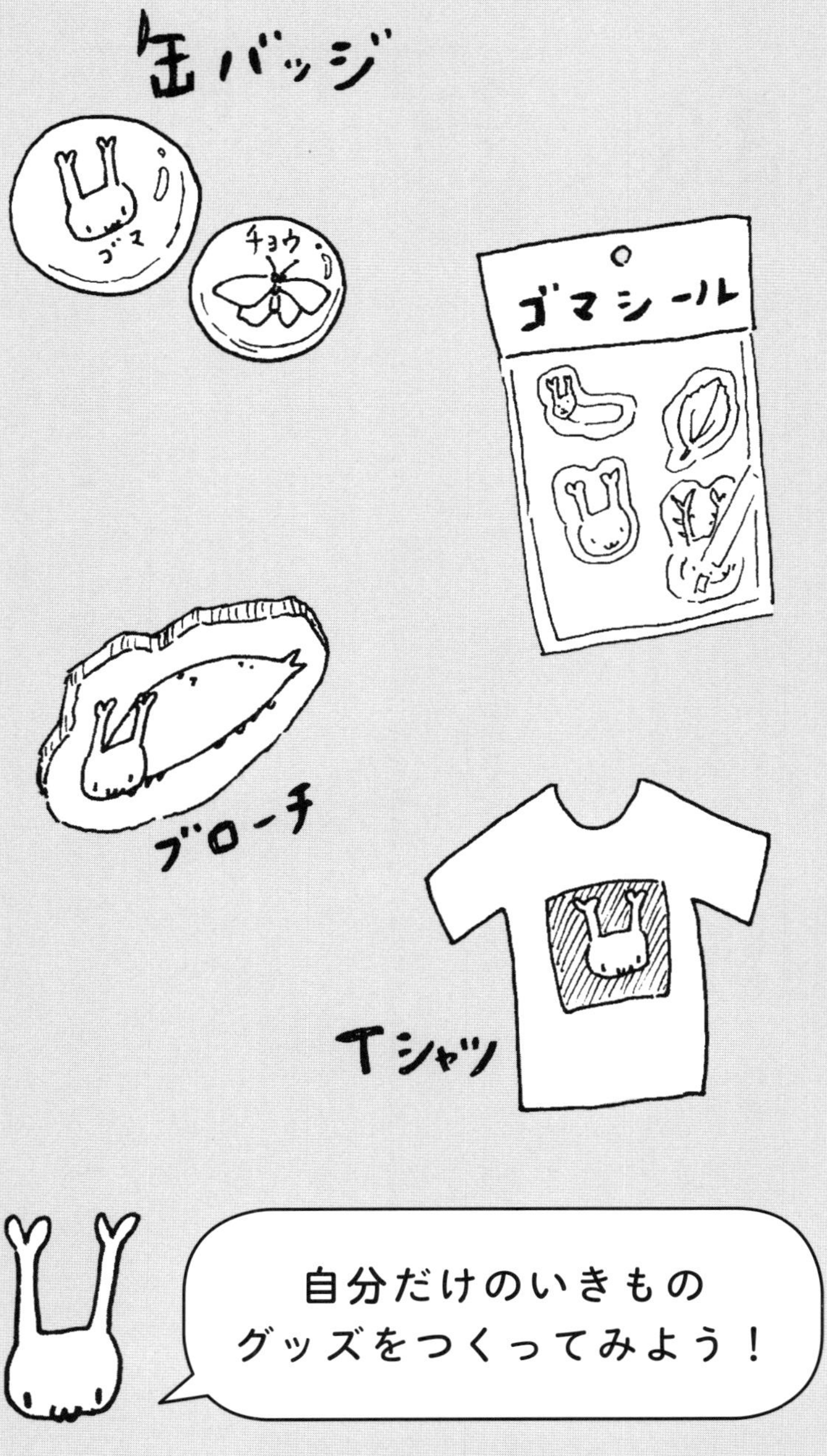
缶バッジ
ゴマ
チョウ
ゴマシール
ブローチ
Tシャツ
自分だけのいきもの
グッズをつくってみよう！

30 ゴマちゃんのうんち

当たり前の話ですが、ゴマちゃんはうんちをします。イモムシたちはみんな、葉っぱをひたすら食べて食べて、たくさんのうんちをポロっとだします。その仕草は傑作《けっさく》！

素直《すなお》に何事もなくポロッと落ちることもありますが、結構《けっこう》な頻度《ひんど》でお尻を少し持ち上げ、スムーズに落とせるようにふんばります。しかし、それでも落ちないことがあります。そんな時は、ヘビのように体をぐにゃっとひねり、顔を振り回してなんとか落とします。うんちが付いたままなのは嫌なようです。葉っぱの上に残ってしまったうんちを、アゴでつかんでポイッと放り投げるように捨《す》てることもあります。

また、うんちは成長とともに大きくなります。生まれて間もない頃は粉みたいなうんちですが、終齢《しゅうれい》（蛹になる前の幼虫）の頃には二〜三ミリくらいの塊《かたまり》になります。

さて、野外では、地面に落ちた虫のうんちを探すことはかなり困難です。時々、葉の上に残っているうんちは見つかることがあり、そちらはイモムシを探すヒントになります。

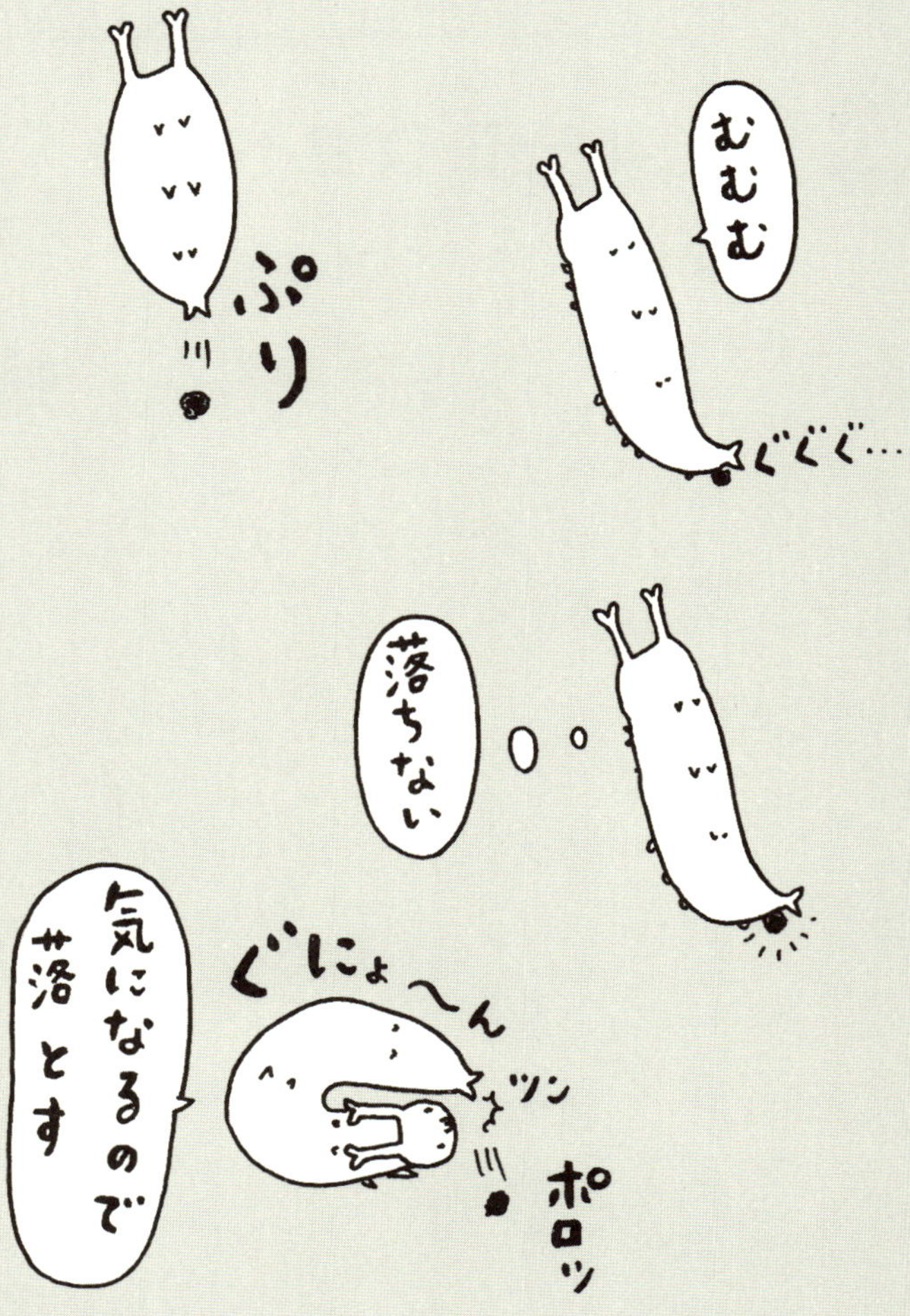
ぷり
むむむ
ぐぐぐ…
落ちない
気になるので落とす
ぐにょ〜ん
ツン
ポロッ

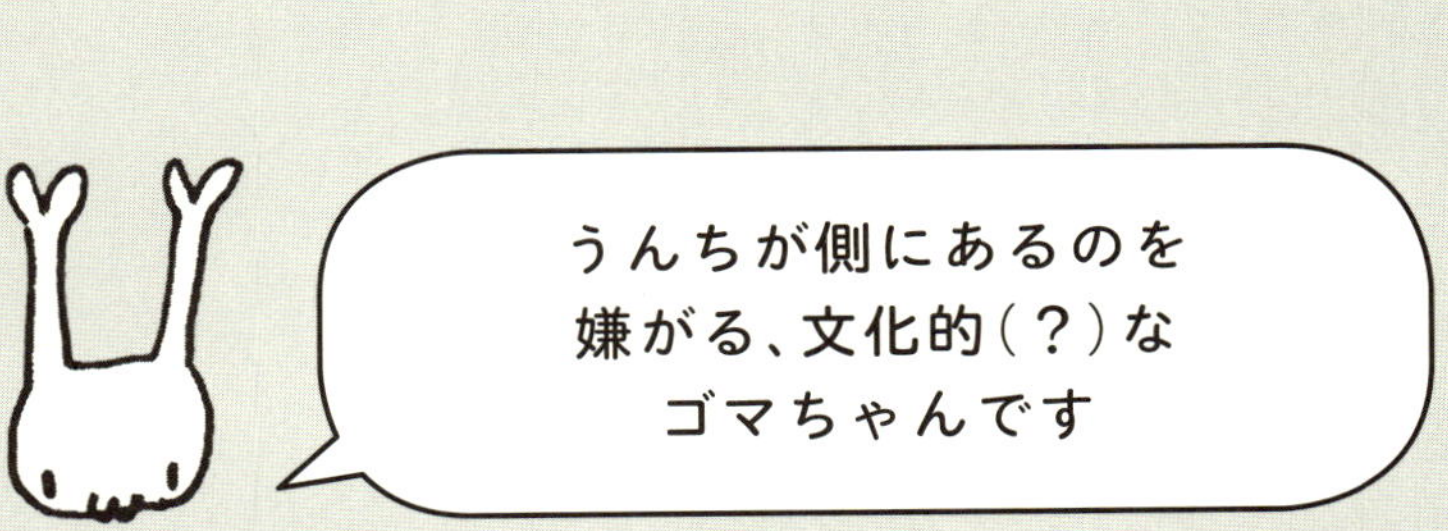
うんちが側にあるのを
嫌がる、文化的（？）な
ゴマちゃんです

31 一日に食べる量

蛹になる日が近づいてきた頃の食欲はすさまじく、みるみるうちに葉が消えていきます。

ある日、飼育していたゴマちゃんで一日に食べる量を調査《ちょうさ》してみたところ、エノキの大きな葉っぱ約三・五枚分でした。一つの株《かぶ》にたくさんのゴマちゃんがついていたら、あっというまに葉っぱがなくなってしまいそうです。

食べるスピードにも驚かされます。ムシャムシャと葉をかじると、まさに「消える」という感じで葉っぱが欠けていきます。

ちなみにうんちの個数もカウントしたのですが、三五個でした。イモムシの仲間を飼育してみると、とにかくうんちの量に驚きます。

食べた部分
3.5枚分くらい?

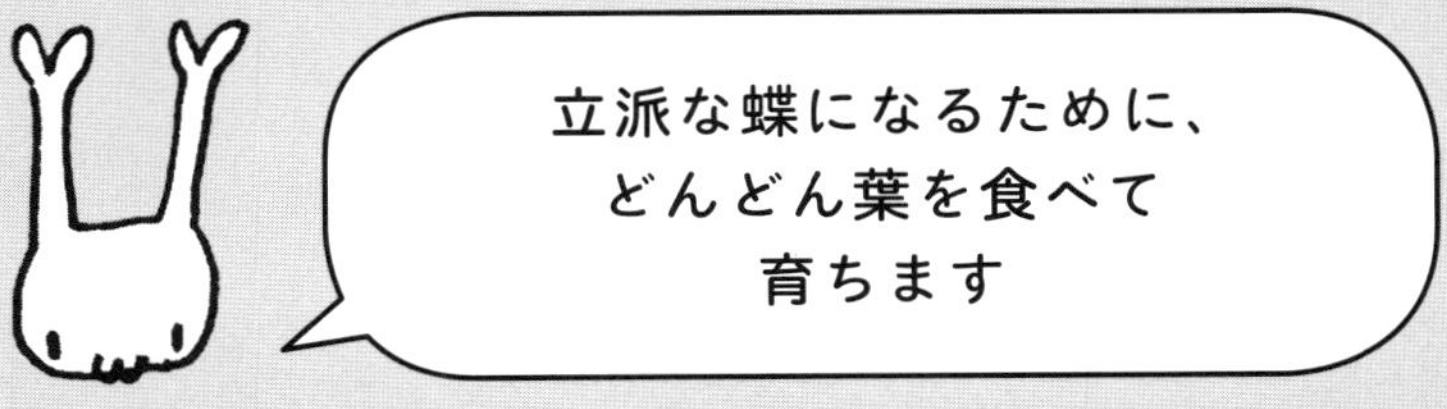
立派な蝶になるために、どんどん葉を食べて育ちます

32 お休み中も元気な顔

普段の観察では、ゴマちゃんの顔を見ることはなかなかできません。移動したり食事したりしているタイミングや、細い茎に摑まっているタイミングで出会えば顔が見えますが、ほとんどの場合、顔を伏せています。

最近は、その顔のかわいらしさが知られてきたので、そっと葉っぱを曲げて写真を撮る人が増えています。何も知らずにその写真を見ると、「元気にひょこっと顔を出している」ようにも見えますが、実はほとんどの場合お休み中。まぶたを閉《と》じるようなこともないので、人間の目には元気な顔に見えてしまいますね。雨に打たれているときも、寒さ、暑さにじっと耐《た》えているときも、あいかわらずの表情《ひょうじょう》。

プラスチックの飼育ケースで観察をしていると、壁面に糸を敷《し》いて休む場合があります。その場合は、かなりじっくり顔を見ることができます。

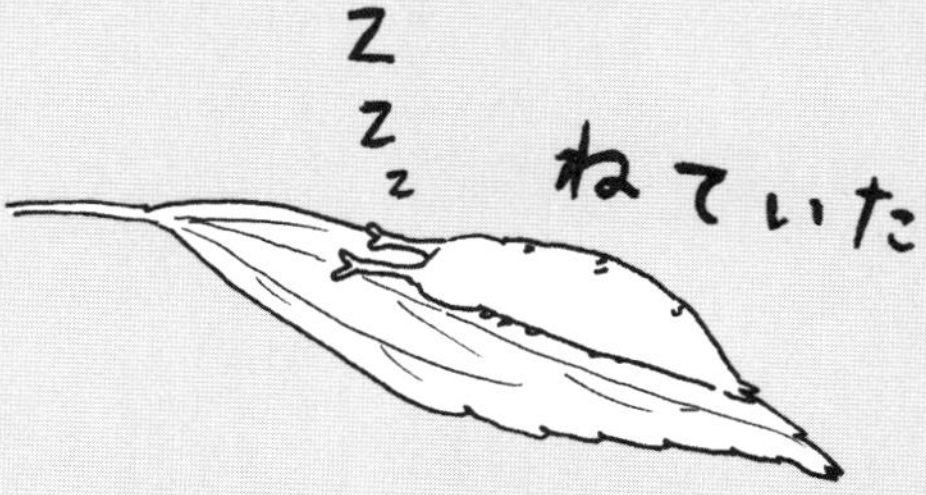

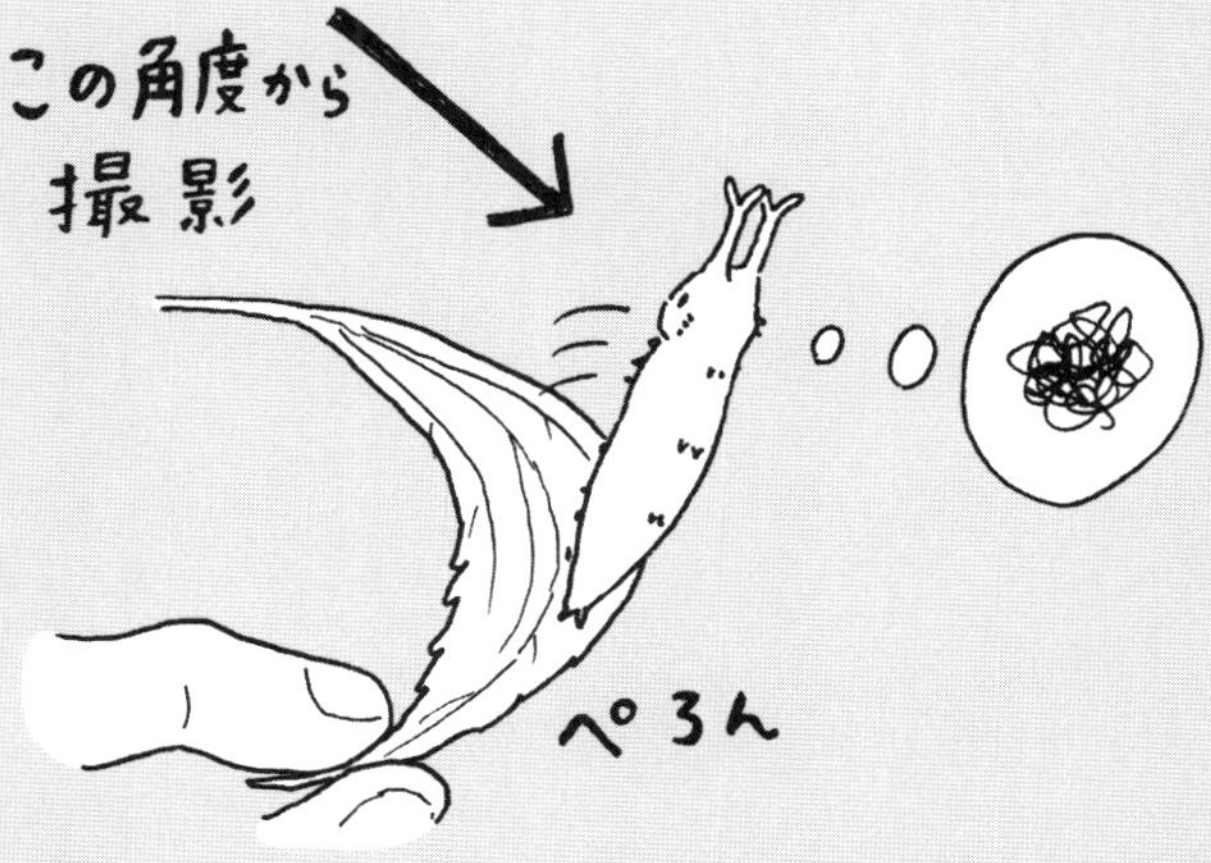

活動中も休眠中も、
ゴマちゃんは同じ顔！

33 ぱっちりした目？

ゴマちゃんは、イモムシの中ではちょっと変わった見た目で、人間の目にはかわいらしい顔に見えます。そのかわいらしい要因《よういん》の一つが、大きくぱっちりした目です。しかしこの目、よーく見てみると……なんと三つの小さな目が縦に並《なら》んでいるのです。

蝶やトンボの成虫が持つ「複眼《ふくがん》」という言葉は聞いたことがあるのではないでしょうか。これとは別の「単眼《たんがん》」というものがイモムシの顔には並んでいます。イモムシの種類によって、三〜七対くらいの単眼を持っているようです。ゴマちゃんの顔を見ると、パッと見つかるのは三対の目だけですが、まだどこかにあるのかもしれません。

その視力《しりょく》は、はっきりいってあまり良くないようです。

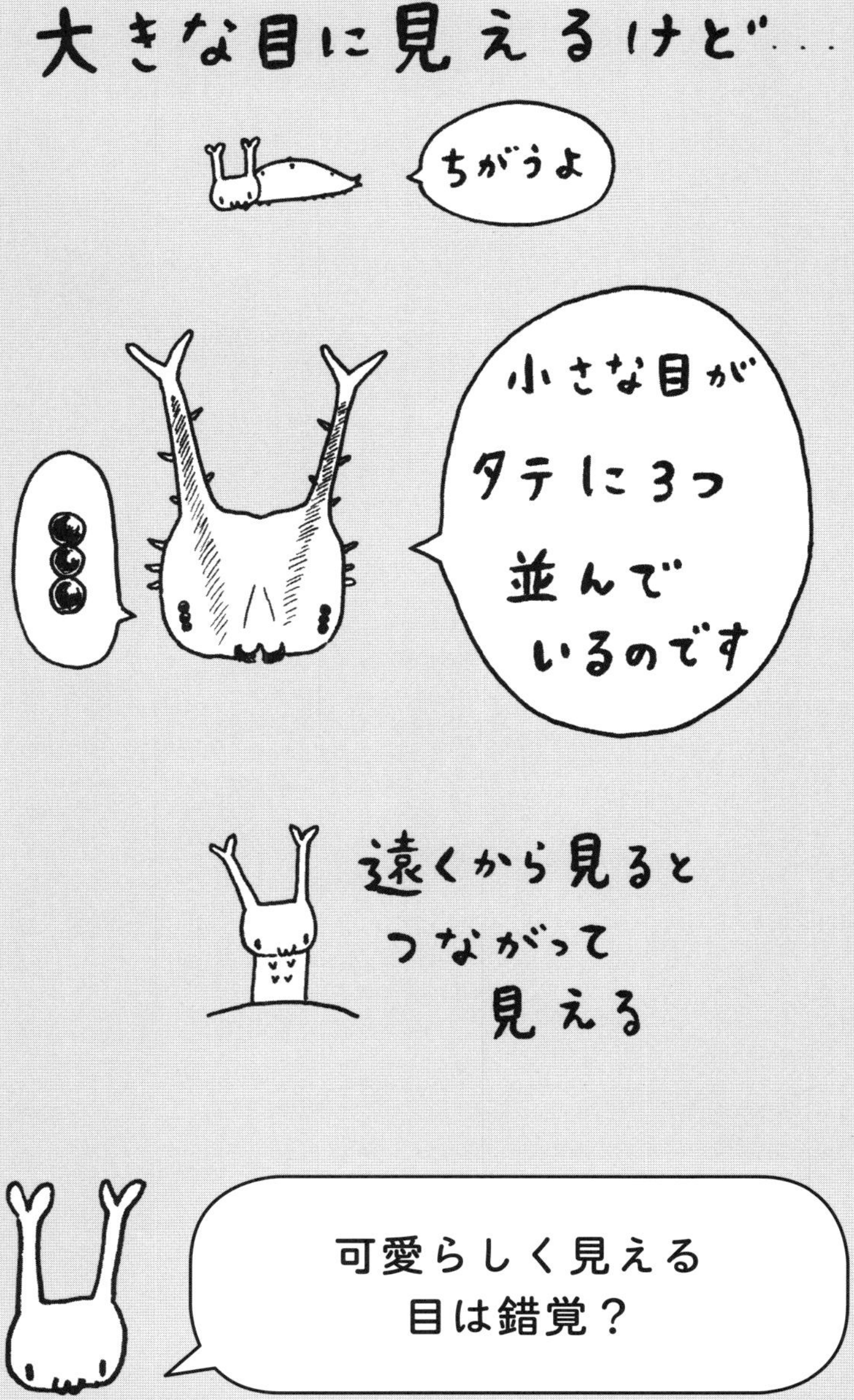
大きな目に見えるけど……
ちがうよ
小さな目がタテに3つ並んでいるのです
遠くから見るとつながって見える
可愛らしく見える
目は錯覚？

34 ねどこの糸

糸を吐くイモムシというと、繭《まゆ》をつくるカイコのようなイメージがあるかもしれませんが、実際はかなり多くのイモムシが糸を吐くことができます。ゴマちゃんももちろん、糸を吐きます。

糸を吐くのは主に、葉っぱの上に自分の寝床《ねどこ》を作るときと、移動するとき。まるで編《あ》み物職人《ものしょくにん》のような動きで体を左右に動かし、ベッドにするための糸を葉に敷いていきます。これは「台座《だいざ》」と呼ばれることもあります。この糸のおかげで、葉っぱから落ちにくくなっているようです。

移動するときにも、少しずつ糸を吐きながら進んでいます。この糸もまた、すべり落ちる危険を減《へ》らすことに役立っています。そして、元の場所へ帰るときの目印にもなるようです。寝床から出かけて葉っぱを食べて、また元の寝床へ戻《もど》ってくる場合が多いようです。

プラスチックケース内でしばらく観察をすると、糸が敷かれていく様子がよく分かります。プラスチック上を通った跡《あと》を見ると、細い糸がびっしり!

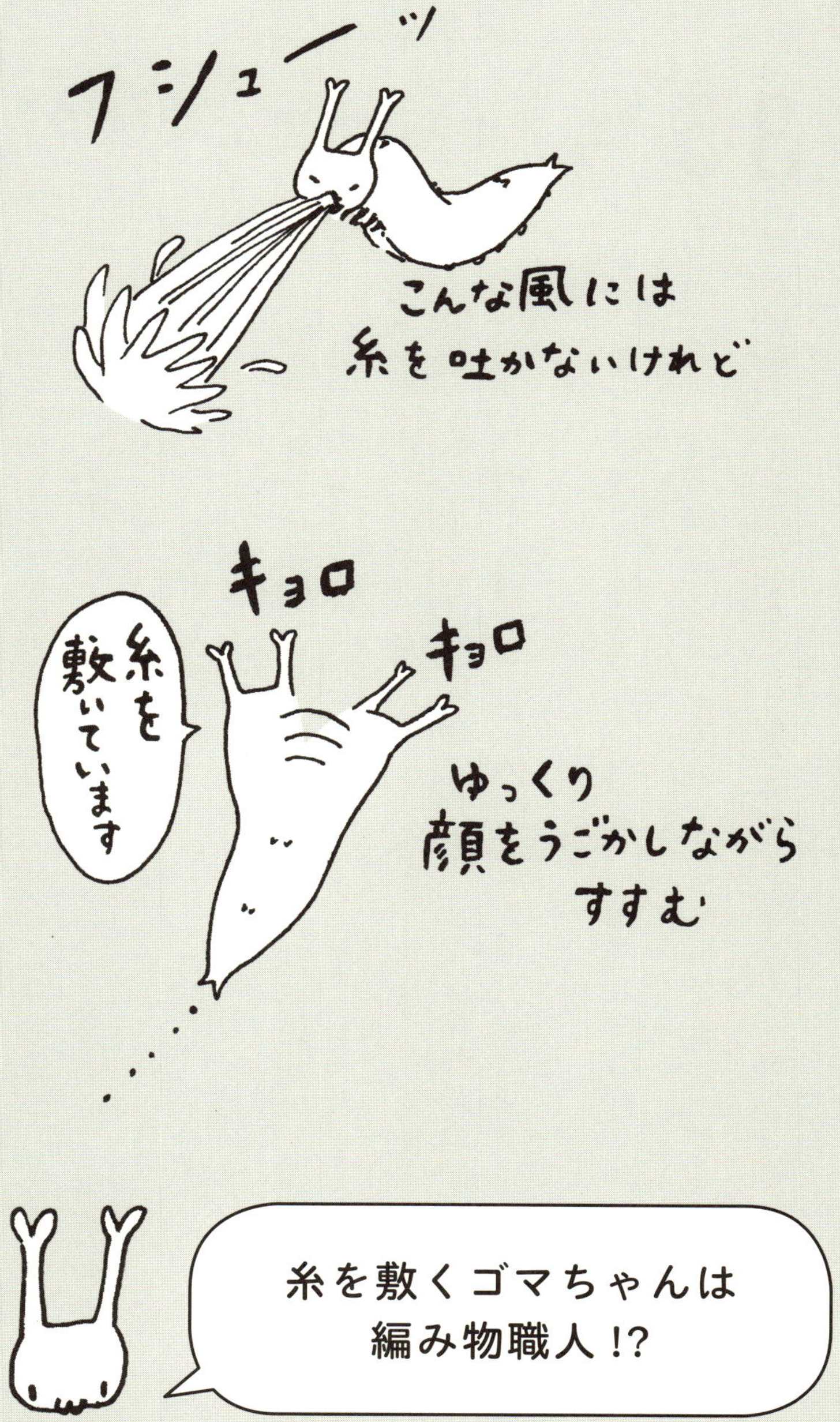

フシューーッ
こんな風には
糸を吐かないけれど
キョロ
キョロ
糸を敷いています
ゆっくり
顔をうごかしながら
すすむ
糸を敷くゴマちゃんは
編み物職人!?

35 エノキってどんな味？

ゴマちゃんの大好きなエノキの葉。いったいどんな味なんでしょうか。身近な植物にも毒性《どくせい》のある種類が結構あるので、野外の植物を食べる際には注意が必要です。幸い、エノキには危険な毒はなさそうです。

というわけで、四月頃に芽吹いたばかりのエノキの若芽《わかめ》をかじってみました。その味は、「それほどおいしくはない、けれどまずくもない」というものでした。やや繊維感《せんいかん》が強くて食べにくいものの、苦味はなく、かすかな甘味《あまみ》を感じました。たとえるならば、リンゴの皮の部分のような感じです。

江戸《えど》時代には、若芽をご飯とともに食べる風習《ふうしゅう》もあったような記述《きじゅつ》をどこかで読んだこともあります。調理方法次第《ちょうりほうほうしだい》では、もしかしたらおいしく食べられるのかもしれません。新芽の時期、春にはフキの葉やつぼみ（フキノトウ）、ツクシやユキノシタなど、おいしい野草がたくさん見つかります。ゴマちゃんが大好きなエノキも、おいしく食べる方法がないか、もうちょっと研究してみたいところです！

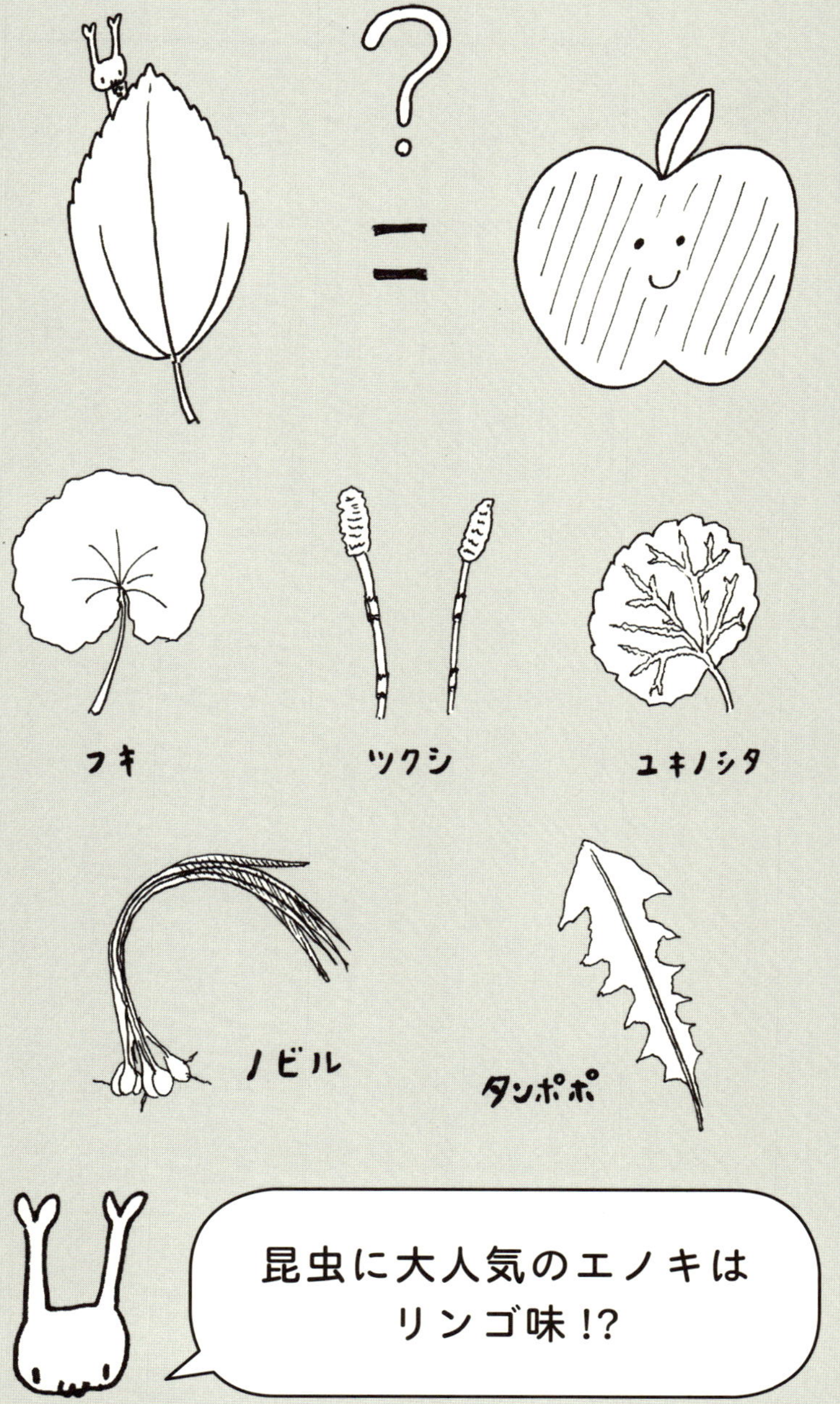

=
フキ
ツクシ
ユキノシタ
ノビル
タンポポ
昆虫に大人気のエノキは
リンゴ味!?

36 ギャップが魅力

普段見られるゴマちゃんは、ほとんど動かず、顔を伏せています。とてもおとなしい性格に見えますが、実は意外なほど激しい動きを見せることがあります。

天敵や、別のイモムシがすぐ近くにやってくると、腰《こし》のあたりを軸《じく》に思いっきり体をフルスイング！　そのスイングはかなりのスピードです。相手の気配がなくなるまで、その攻撃《こうげき》は続きます。

相手が同じゴマダラチョウ幼虫の場合でも、やはり近づかれたら排除行動《はいじょこうどう》をとります。その相手は、もしかしたら将来のパートナーかもしれないのに！

どんな気配にも、その排除行動をとるわけではないようです。人の指のような大きな気配が近づいたときには、俊敏《しゅんびん》な反応はしません。うずくまるように、より葉っぱにべったりと伏せることが多いようです。さすがに振り払えないと考えるのでしょうか。

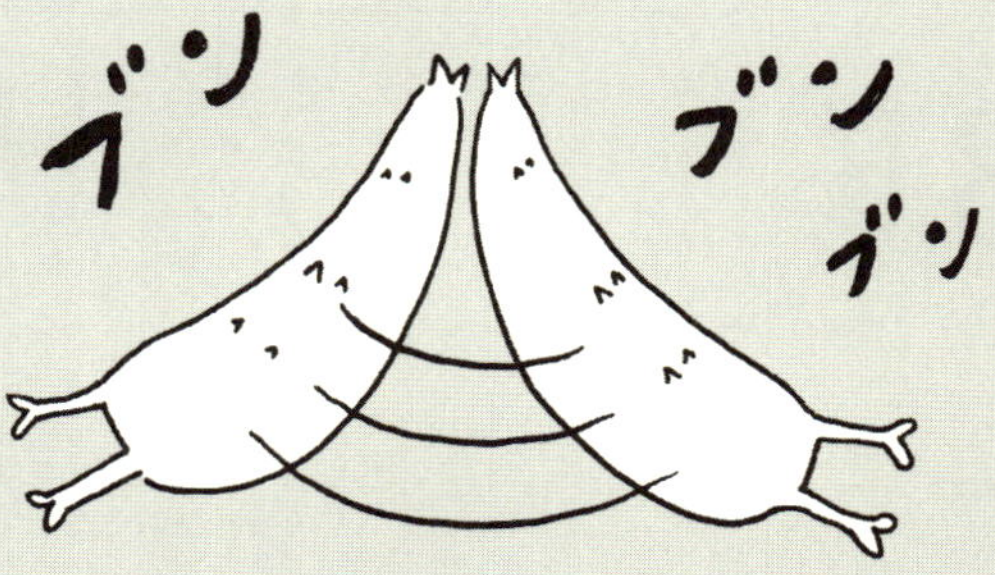

大きいほうが
強いわけでは
ないらしい

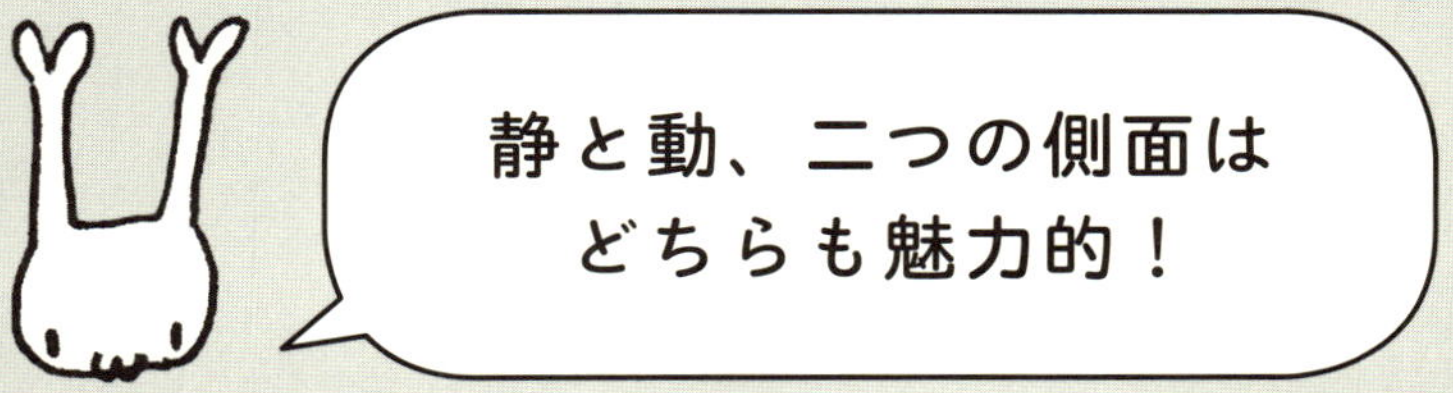

37 雨にも負けず、風にも負けず

雨が降《ふ》り続ける日、風が吹き荒《あ》れる日、ゴマちゃんはどうしているのでしょうか。

土砂降《どしゃぶ》りの日に、いつもゴマちゃんが休んでいるエノキを見てみると、やはり葉の表にいます。雨を除《よ》けられる場所へ移動したりしないものなのでしょうか。一応《いちおう》、体の表面に生えている毛がある程度水をはじく機能《きのう》を持っているようなのですが、ずぶ濡《ぬ》れの様子を見ていると、なんとかしてあげたい気持ちになります。

強風の日も、やはり葉っぱにくっついています。やわらかい葉についている場合、風が吹くたびにぐわんぐわんと体も揺《ゆ》れます。それでも、そう簡単には落ちません。丁寧《ていねい》に敷いた糸で体をしっかりと固定しているのです。

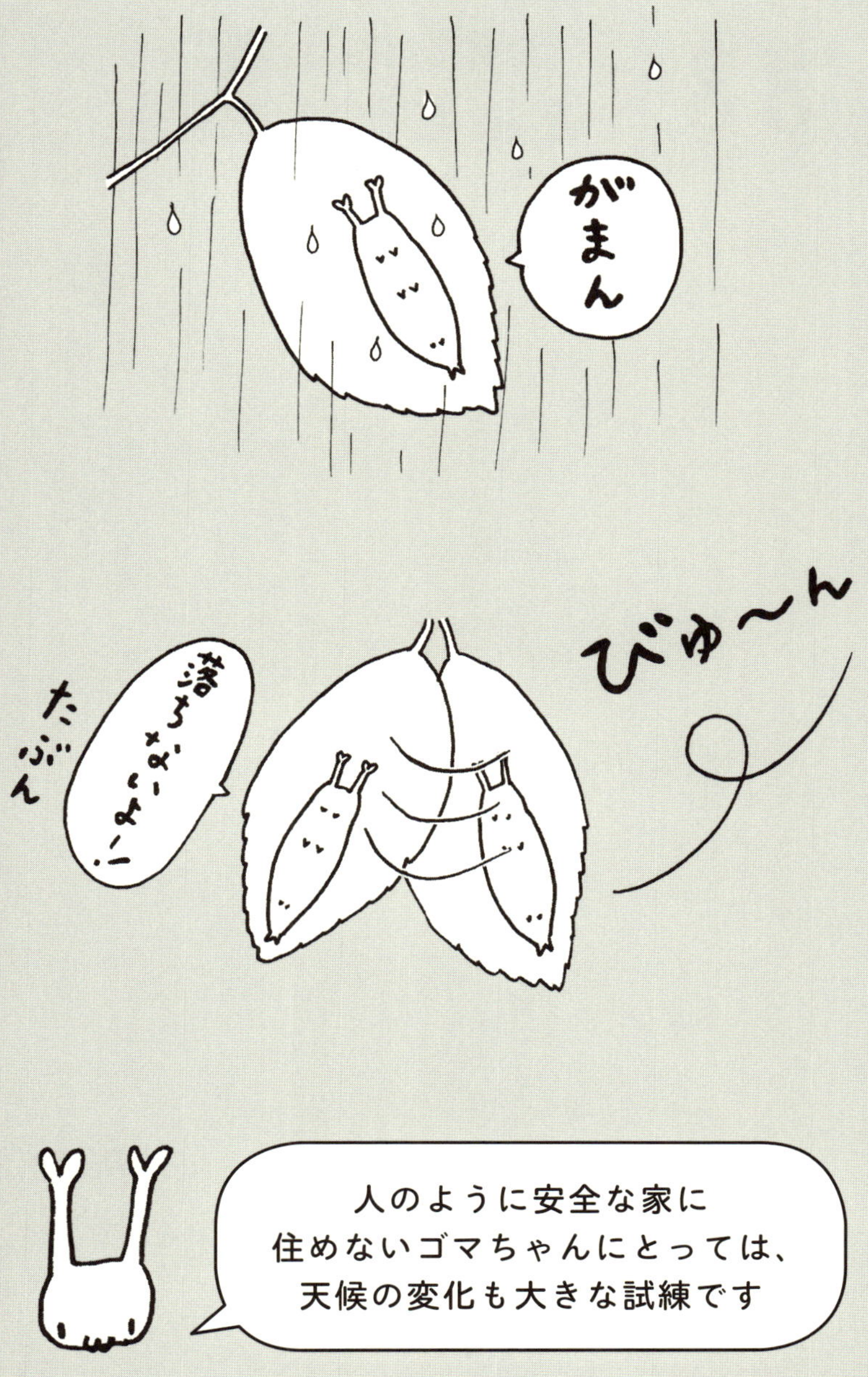
がまん
びゅ〜ん
落ちないよ〜!!
たぶん
人のように安全な家に
住めないゴマちゃんにとっては、
天候の変化も大きな試練です

38 葉の表と裏、どっちがお好み？

春から秋にかけて、ゴマちゃんはエノキの葉の表側で見つかります。裏側に隠れているゴマちゃんはいないんでしょうか。よく探すと、葉の裏側にしがみついていることもありますが、大半は葉の表にくっついています。終齢（さなぎになる前の幼虫）では、小さな葉には収まりきらないくらい体が大きくなるので、葉の裏《うら》につかまっても落ちてしまいそうです。

擬態の例として紹介《しょうかい》されることもあるゴマちゃん。せっかく葉に化けられる緑色の体を持っているので、堂々と葉の表で休んでいるのです。それでもなかなか気づかれることはありません。

ところが、冬になり落ち葉のエノキにくっついて越冬するとき、そのほとんどは裏側につきます。乾燥したエノキの落ち葉の表側はかなりつるつるしているので、それを嫌《きら》うのでしょうか。葉脈の目立つ裏側の方が擬態しやすいと思っているのでしょうか。はっきりとした理由は分かりませんが、表側にくっついた越冬ゴマちゃんを見つけたら、とてもラッキー!?

表で休む
ふだん

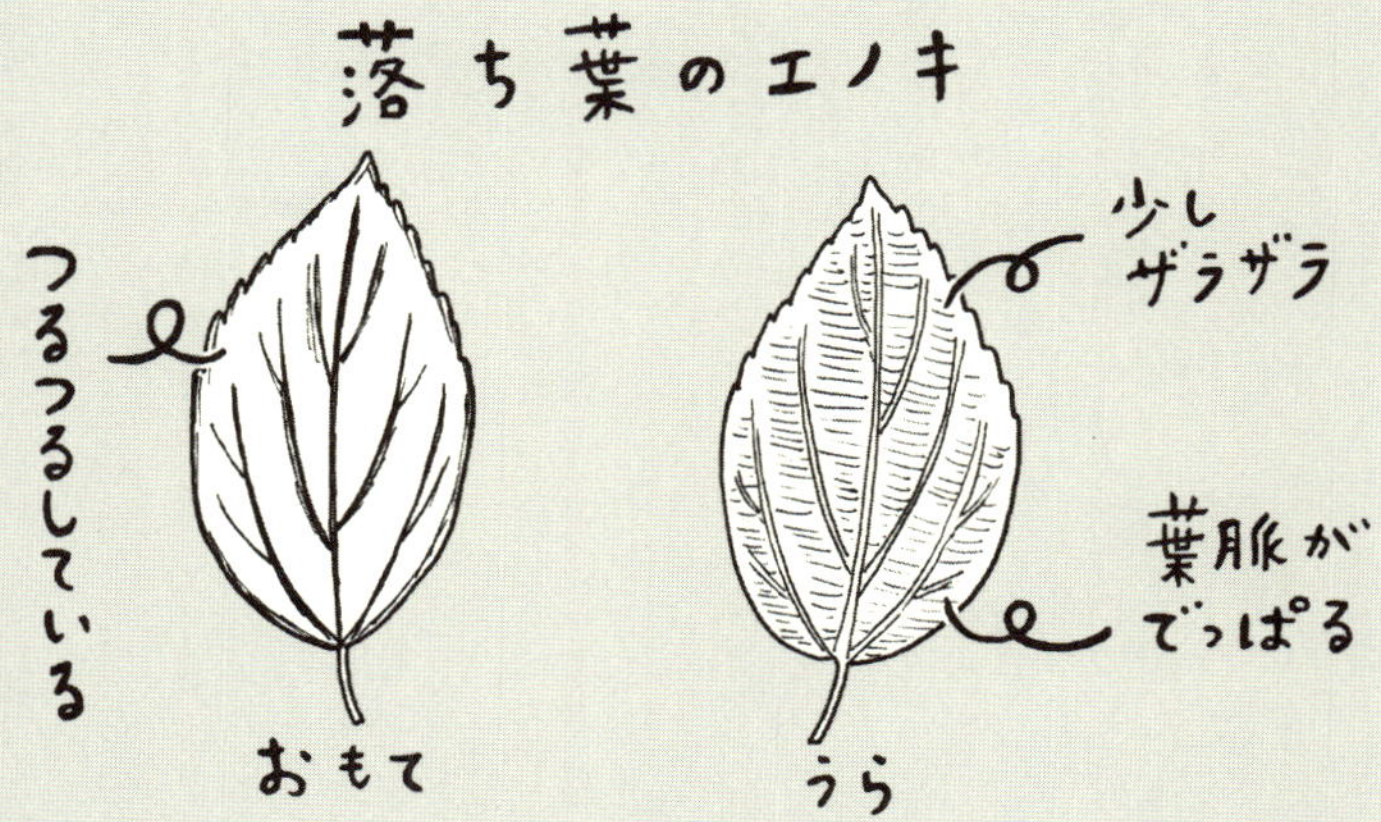
落ち葉のエノキ
つるつるしている
おもて
少しザラザラ
葉脈がでっぱる
うら

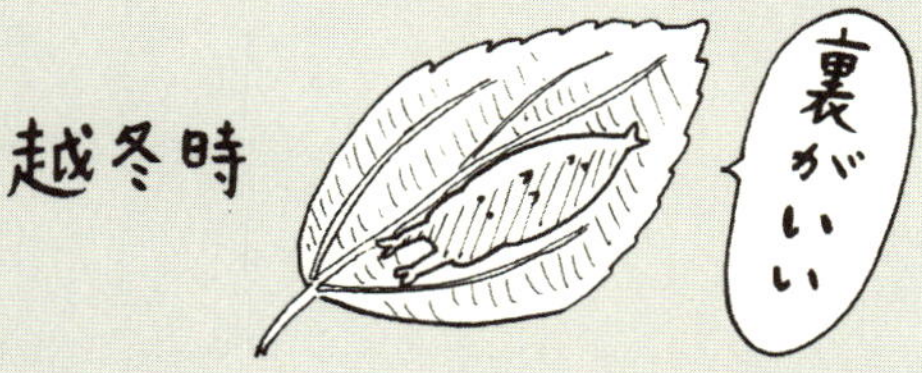
越冬時
裏がいい

普段は表で葉に化け、
越冬時は裏に
くっつくのが基本！

39 樹液酒場通いのゴマダラチョウ

雑木林に多く生えているクヌギの木からは虫の大好きな樹液が出てきます。カナブンやスズメバチの他、キスイムシの仲間、そして時間によってはクワガタムシやカブトムシが大勢《おおぜい》集まり、みんな一心不乱に樹液を舐《な》めています。こういった場所を「樹液酒場《じゅえきさかば》」と表現することがあります。ゴマダラチョウも、この樹液酒場に通います。時に昆虫同士で樹液の取り合いになることもあります。そんな時に力を発揮《はっき》するのはカブトムシやクワガタムシといったパワフルな昆虫たち。スズメバチもなかなかの強さを持っているようで、近寄《ちかよ》るカナブンたちをアゴで威嚇《いかく》して追い払います。ただ、追い払うことばかりに夢中《むちゅう》になって、ほとんど樹液を舐めることができていない場合もあります。本末転倒《ほんまつてんとう》ですね。

　ゴマダラチョウと良く似た国蝶のオオムラサキは、羽ばたく力がかなり強力で、この場所取り合戦にも強いようです。翅を痛めてしまうこともありますが、なんとスズメバチを羽ばたきで追い払うこともできるのです。ゴマダラチョウはどうでしょうか。そこまでのパワーがないゴマダラチョウは、他の虫が争っている間に長い口を利用して黙々《もくもく》と樹液を飲んでいることが多いようです。ちゃっかりものですね！

ノコギリクワガタ
カブトムシ
カナブン
スズメバチ
かっこいいぞ!!
ヨツボシケシキスイ
※ただし1cmくらいのミニサイズ
樹液酒場には
夏の代表的な昆虫たちが
大集合！

40 翅を拡大すると？

ゴマダラチョウの翅。いったいどんな構造になっているんでしょうか。

蝶の翅の鮮やかな模様が、鱗粉《りんぷん》によるものだということは有名な話です。素手《すで》で蝶を捕《つか》まえると、触《さわ》っている間にボロボロと鱗粉が剥《は》がれ、指に付きます。

この鱗粉を顕微鏡で見ると、驚くことに、鱗のようになっています。瓦《かわら》のように重なり合っていると言ったほうが分かりやすいでしょうか（ちなみに、二〇〇〇円程度で買えるポケットサイズの顕微鏡でも充分《じゅうぶん》に観察できます！）。その一枚一枚は、花びらのような形をしています。この鱗粉によって、蝶の翅の美しい模様が作られています。そして、水をはじく機能もあるため、雨にも強いのです。

この翅が、ボロボロになっている蝶に出会うことがあります。どこかにぶつかった可能性もありますが、細長く削《けず》れているような痕《あと》は、鳥のしわざでしょう。ビーク・マークと呼ばれる鳥の嘴《くちばし》にくわえられた痕跡。まともに翅の形が残っていなくても、蝶たちは一所懸命羽ばたいて空を飛びます。

ところで、昆虫のハネは、「翅」という字で書くことが多いようです。ぱっと見、難しそうな漢字ですが、使い慣れるとかっこいい！

瓦のように
重なる
鱗粉!!

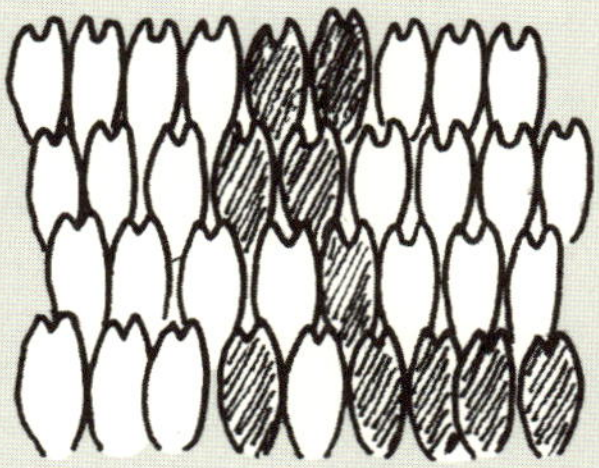

白色と黒色

翅《はね》

蝶の美しい翅の秘密は
鱗粉にあり！

41 ゴマダラチョウの脚は何本？

「昆虫」と「虫」の違いをご存《ぞん》じでしょうか。「虫」がクモやムカデなど、多くの脚を持つ生き物も含めるのに対して、「昆虫」は六本脚のグループだけを指します（もっとも、「昆虫図鑑」の言葉の響《ひび》きがかっこいいために、注釈《ちゅうしゃく》を入れた上で「昆虫図鑑」にクモも掲載《けいさい》されていることはよくあります）。

当然、昆虫であるゴマダラチョウ成虫の脚も六本のはずですが、その脚を実際に観察してみると……四本しかありません！

実は、タテハチョウの仲間の前脚は退化《たいか》してしまっているのです。のそのそと歩くようなことをしない蝶にとって、六本の脚は絶対に必要なものではないということなのでしょうか。ちなみに、顔のすぐ下をよーく見ると、その退化した脚のようなものを見つけることができます。

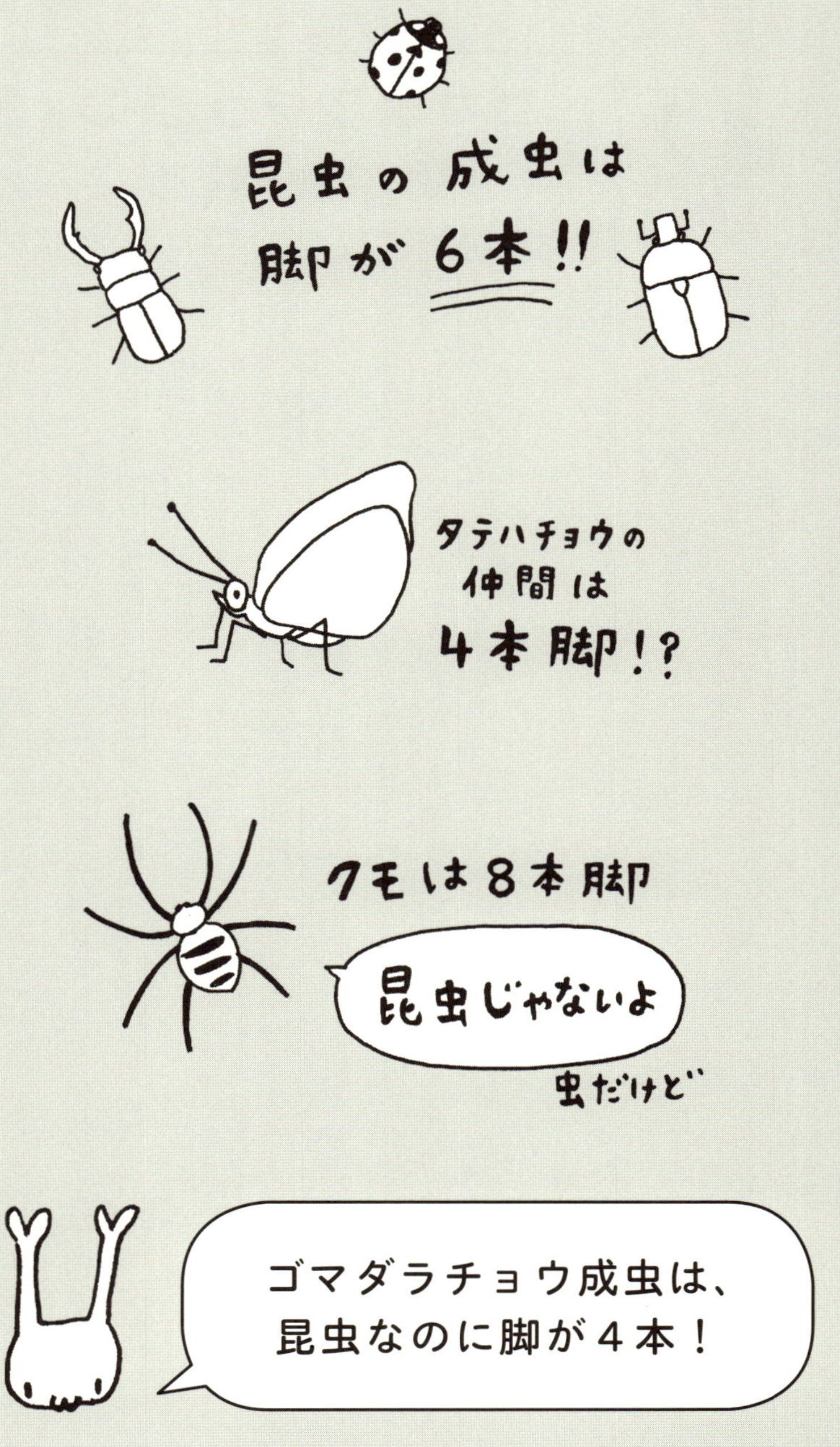
昆虫の成虫は
脚が6本!!
タテハチョウの
仲間は
4本脚!?
クモは8本脚
昆虫じゃないよ
虫だけど
ゴマダラチョウ成虫は、
昆虫なのに脚が4本！

42 ゴマダラチョウに見つめられる

カマキリに見つめられた。そんな経験《けいけん》はないでしょうか。大きな眼《め》の中にぽつんと見える黒目。偽瞳孔《ぎどうこう》と呼ばれるこの黒目は、いつもこっちを見ているように感じられます。実際にキョロキョロと動かしているわけではないのですが、特《とく》殊《しゅ》な構造により、そう見えるようになっています。

この偽瞳孔が、ゴマダラチョウの眼にもあるのです！　近くで顔を見るとよく分かる、漫画《まんが》のような黒目。ただし、ゴマダラチョウの場合、中心の黒い点のほかにもうっすらといくつかの黒点が見えます。ゴマダラチョウを色々な角度から見たとき、やはりこちらを見ているように感じられます。

なかなかゴマダラチョウに近寄る機会はないかもしれませんが、樹液に夢中になっているときは、近づいてもあまり逃げません。観察するチャンスです！

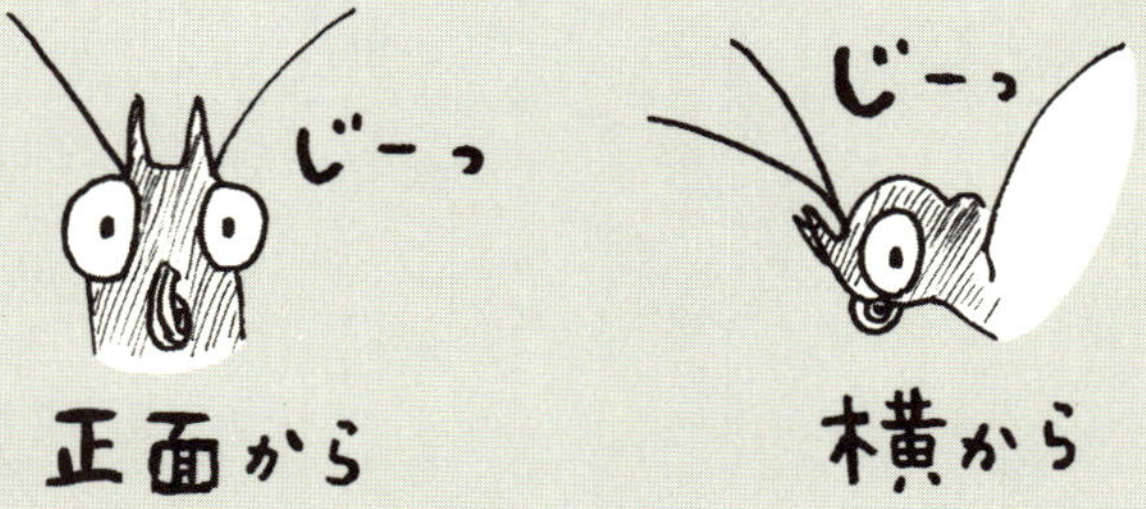

ゴマダラチョウの場合
他にも うすい点が見える

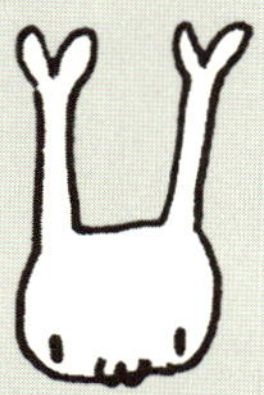

いつもこちらを
見ている気がするのは、
偽瞳孔によるもの!

43 「ゴマダラ」ってなんだろう

ゴマダラチョウの「ゴマダラ」、これにはどんな意味があるのでしょうか。漢字では「胡麻斑《ごまだら》」と書きます。ごま＋まだら。ゴマをちりばめたようなまだら模様のことを言うようです。「ゴママダラ」と読むのが正しい気もしますが、時代とともに変化していったのでしょうか。「ゴママダラ」は言いにくいですよね。

ゴマダラチョウの他にも、ゴマダラカミキリ、オオゴマダラ、ウラゴマダラシジミ、ゴマダラオトシブミ、ゴマダラヒトリなど、名前に「ゴマダラ」のつく昆虫がたくさんいます。どの虫も、やはりゴマをちりばめたような模様です。オオゴマダラは、蛹が金色に輝《かがや》くことでも有名な、大型のタテハチョウです。「大きなゴマダラチョウ」のような名前ですが、実際はそれほど関係の近い種類ではありません。アサギマダラ、カバマダラなどのマダラチョウのグループなのです。

調べてみると、白地に黒のゴマ模様、黒地に白のゴマ模様、どちらでも「ゴマダラ」というようです。なんだか定義《ていぎ》の曖昧《あいまい》な「ゴマダラ」。よく探してみたら、身の回りにも「ゴマダラ」模様があるかも？

胡麻斑《ごま(ま)だら》

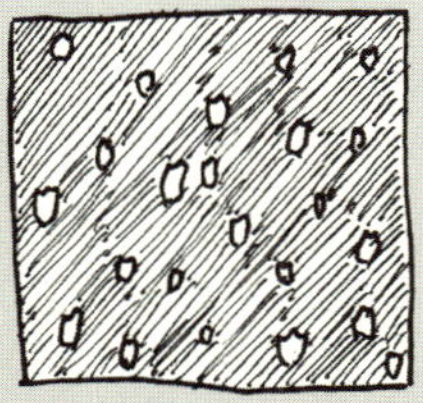

黒地に白ゴマ

白地に黒ゴマ

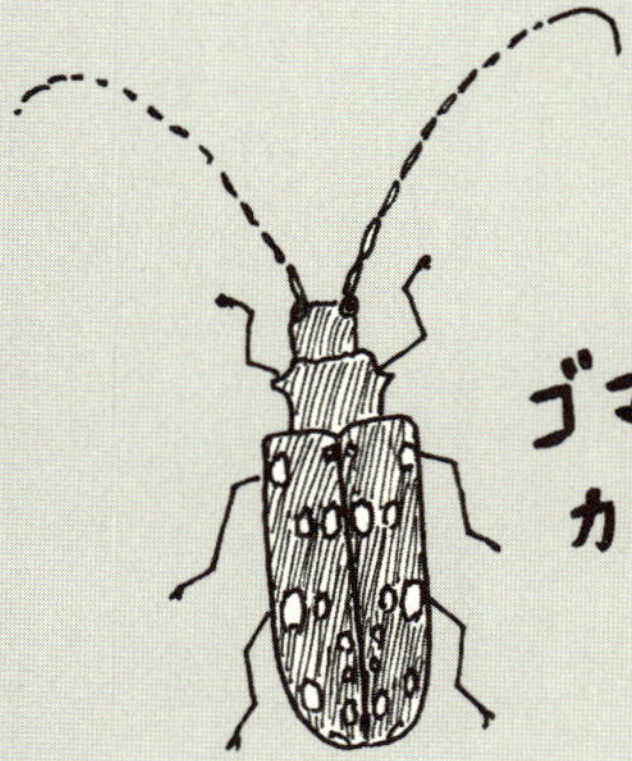

ゴマダラ
カミキリ

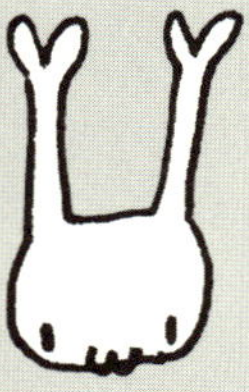

ゴマをちりばめたような
まだらなのでゴマダラ！

44　ゴマちゃんの飼育

ゴマちゃんの飼育はやや難易度《なんいど》が高いものの、その方法はしっかりと確立《かくりつ》されています。生態がほとんど同じ国蝶オオムラサキの飼育がさかんに行われてきたからです。

まずは幼虫をどこかで探してきます。高い枝に付いている幼虫を見つけることは難しいので、小さな株にいる個体を探したり、落ち葉で越冬している個体を探したりすることになります。

エサとなるエノキはかなり水あげが悪く、切った枝を花瓶《かびん》のようなものに活《い》けていても、あっという間にしおれてしまうので注意しましょう。ある程度湿度《しつど》を保てるプラスチックケース内なら長持ちします。

エノキの鉢植《はちう》えを用意して、ネットをかけて育てる方法もあります。身近な場所にエノキがない場合は、この方法が効果的です。

野外では、タイミングが悪いと、なかなか動いているゴマちゃんを見ることができません。飼育は毎日の様子を知る大チャンス。タイミングが良ければ、脱皮や蛹化、羽化の様子もじっくり見られます。

ぜひ、一度挑戦《ちょうせん》してみてください。もちろん、最後まで責任《せきにん》を持って飼育してくださいね。

プラスチックケース
家の中に
ゴマちゃんがいる生活!!

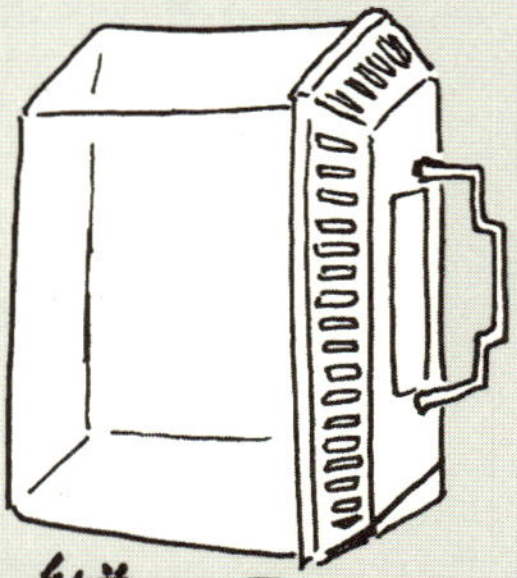
虫カゴを
縦に置いても
OK

ただ
活けておくだけでは
すぐにしおれる

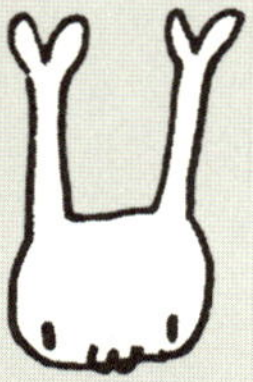

家にゴマちゃんのいる
生活は楽しいものです！

45 ゴマちゃんの親戚

ゴマちゃん（ゴマダラチョウ）によく似た生態の蝶が日本に三種います。タテハチョウ科の中の、コムラサキ亜科《あか》というグループがそれにあたります。国蝶としても知られ、美しい羽を持つオオムラサキ。ゴマダラチョウにそっくりですが、赤色の紋《もん》を持つアカボシゴマダラ。この二種はゴマダラチョウと同様にエノキの葉を食べて成長します。そして、幼虫の雰囲気は他の種とそっくりですが、なぜかエノキを食べず、ヤナギの葉が大好きなコムラサキ。

コムラサキ以外は見つかる場所も似ています。アカボシゴマダラは本来奄美大島《あまみおおしま》でしか見られないのですが、外来種《がいらいしゅ》として関東周辺に分布《ぶんぷ》を広げていて、オオムラサキ、ゴマダラチョウ、アカボシゴマダラ三種が同時に同じ場所で見られることもあります。そのため、幼虫を見分けるには違いを知っておく必要があります。ちょっとややこしいけれど、人が見て、きちんと見分けられるポイントが用意されています。自然って不思議！

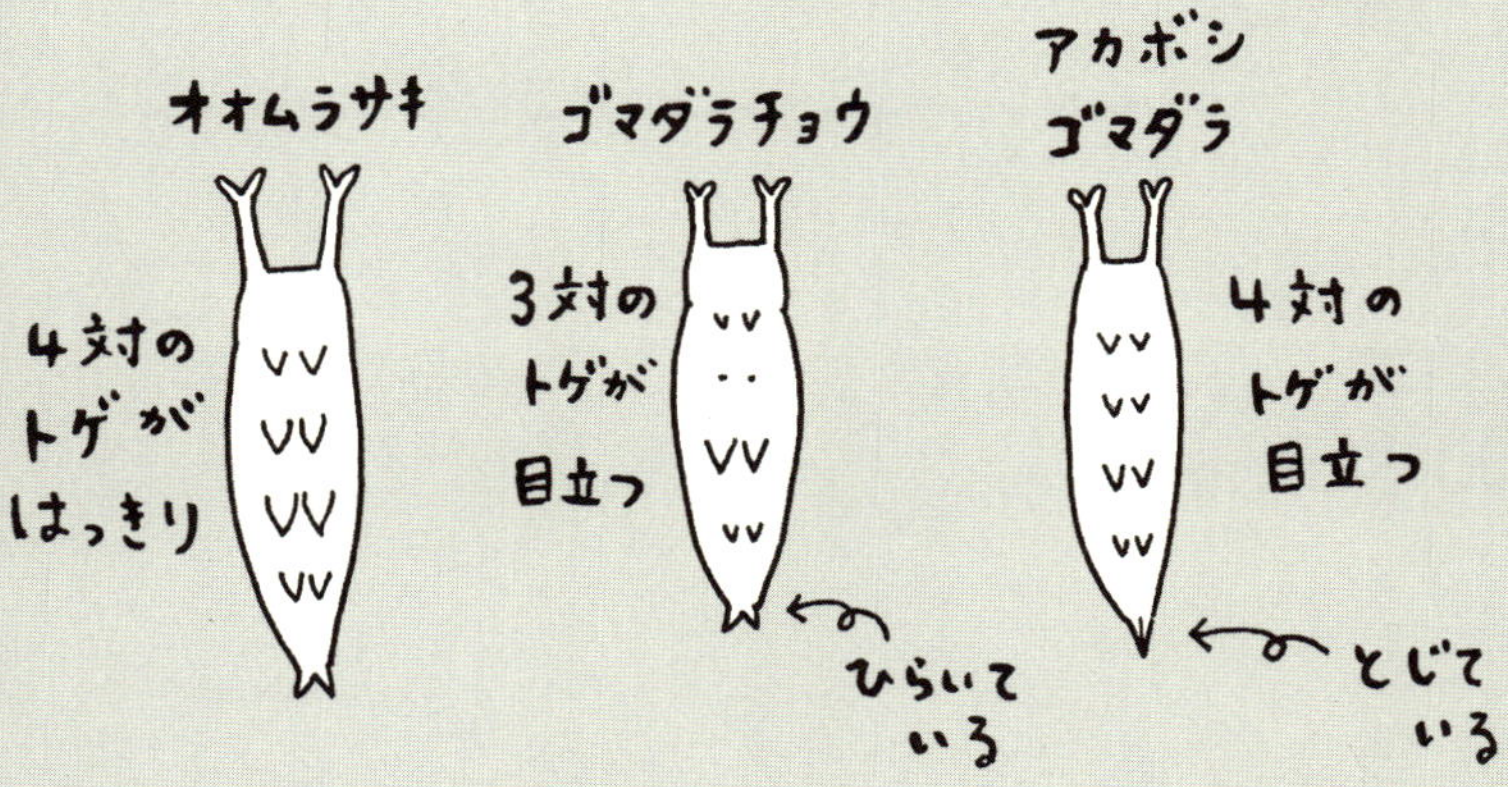

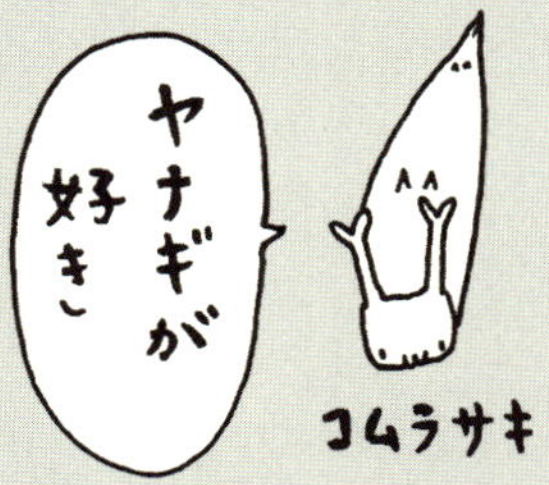

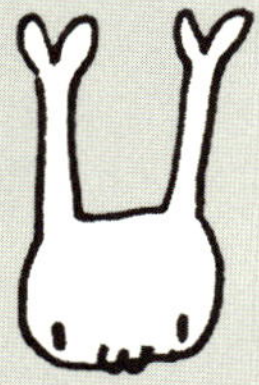

コムラサキ亜科の幼虫は
みんなゴマちゃんに
そっくり！

46 ゴマちゃんの遠い親戚

ゴマちゃんによく似たコムラサキ亜科はゴマダラチョウの他に三種が国内に生息していると書きました。そのコムラサキ亜科には含まれないものの、ゴマちゃんに少し似た雰囲気を持つ蝶が実はまだ他にもいます。

「スミナガシ」の成虫は、ゴマダラチョウやオオムラサキによく似ています。青緑《あおみどり》色《いろ》のような、なんとも表現しがたい繊細《せんさい》な色合いの翅ですが、模様や形はゴマダラチョウの翅と似た雰囲気があり、樹液を好む生態も共通しています。幼虫の姿にも共通点があります。異様《いよう》に塗《ぬ》り分けられた体、宇宙人《うちゅうじん》のような不思議な角を持っていますが、顔の雰囲気はゴマちゃんとたしかに似ています。

「イシガケチョウ」の幼虫も、このスミナガシの幼虫に似ていますが、背中に不思議な突起を二つ持っています。ただ、成虫の姿はゴマダラチョウとずいぶん違い、樹液よりも花の蜜を好みます。かなり遠い親戚《しんせき》ですね。

「フタオチョウ」は沖縄《おきなわ》に生息する天然記念物《てんねんきねんぶつ》の蝶です。成虫の翅の模様はゴマダラチョウに少し似ていますが、そのフォルムはなんだかシャープでかっこいい！　樹液を好むことも共通していて、クワノハ（リュウキュウ）エノキを幼虫が食べるという部分も似ています。幼虫の姿はゴマちゃんを何倍もかっこよくしたような雰囲気です。体の後ろへ流れるように生えている四本の角はドラゴンのようです。

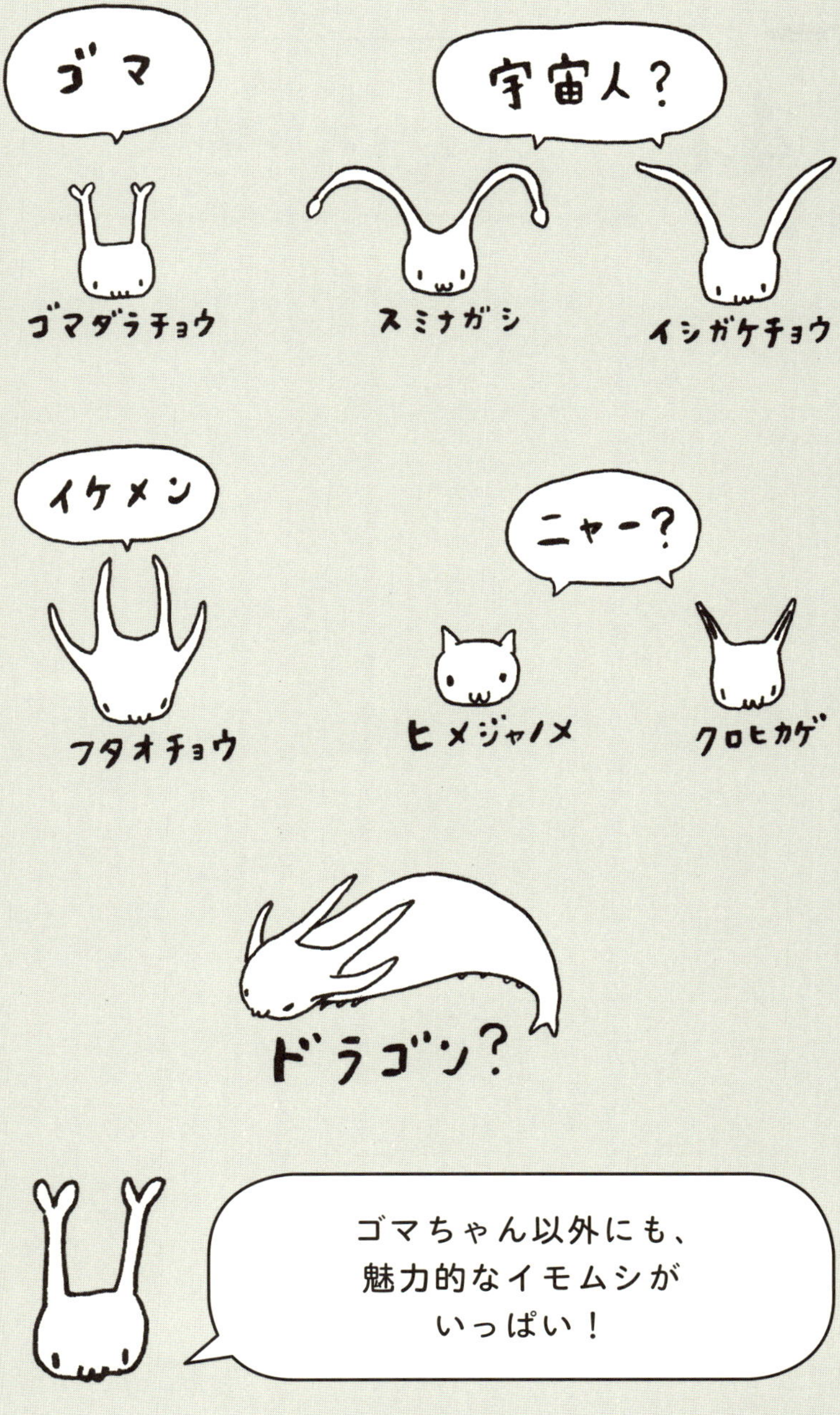
ゴマ
宇宙人？
ゴマダラチョウ
スミナガシ
イシガケチョウ
イケメン
フタオチョウ
ニャー？
ヒメジャノメ
クロヒカゲ
ドラゴン？
ゴマちゃん以外にも、
魅力的なイモムシが
いっぱい！

47 イモムシの個性

ゴマちゃんの生態、その多くは他のイモムシと共通しています。葉の食べ方や顔の動かし方など、見た目は異なっていても、共通のアクションをするイモムシがたくさんいます。とはいえ、ぜんぜん違う部分もあり、イモムシごとに個性《こせい》があります。

シャクトリムシとして知られているイモムシは、「シャクガ」の仲間、蛾《が》の幼虫です。ぐにゃっと体を曲げて、伸ばして、のくり返しで進んでいきます。そして、ピンと体を伸ばした状態で、枝に擬態！ ところが、枝が生えるはずのない場所でこれを行い、バレバレなことも！

そのシャクガの一種、トビモンオオエダシャクの幼虫は、猫耳《ねこみみ》のような角を持ち、どこかゴマちゃんに似ています。ただ、目がどこにあるのか分かりにくいこともあって、なかなか可愛いとは思ってもらえないかもしれません。

同じタテハチョウ科の仲間では、ルリタテハの幼虫が体を丸める習性《しゅうせい》を持っています。生まれたて、四ミリくらいのサイズの頃からぐにゃっと円を描《えが》くように丸まり、そのクセは四〇～五〇ミリくらいになる終齢幼虫《しゅうれいようちゅう》になっても変わりません。

シャクトリムシ

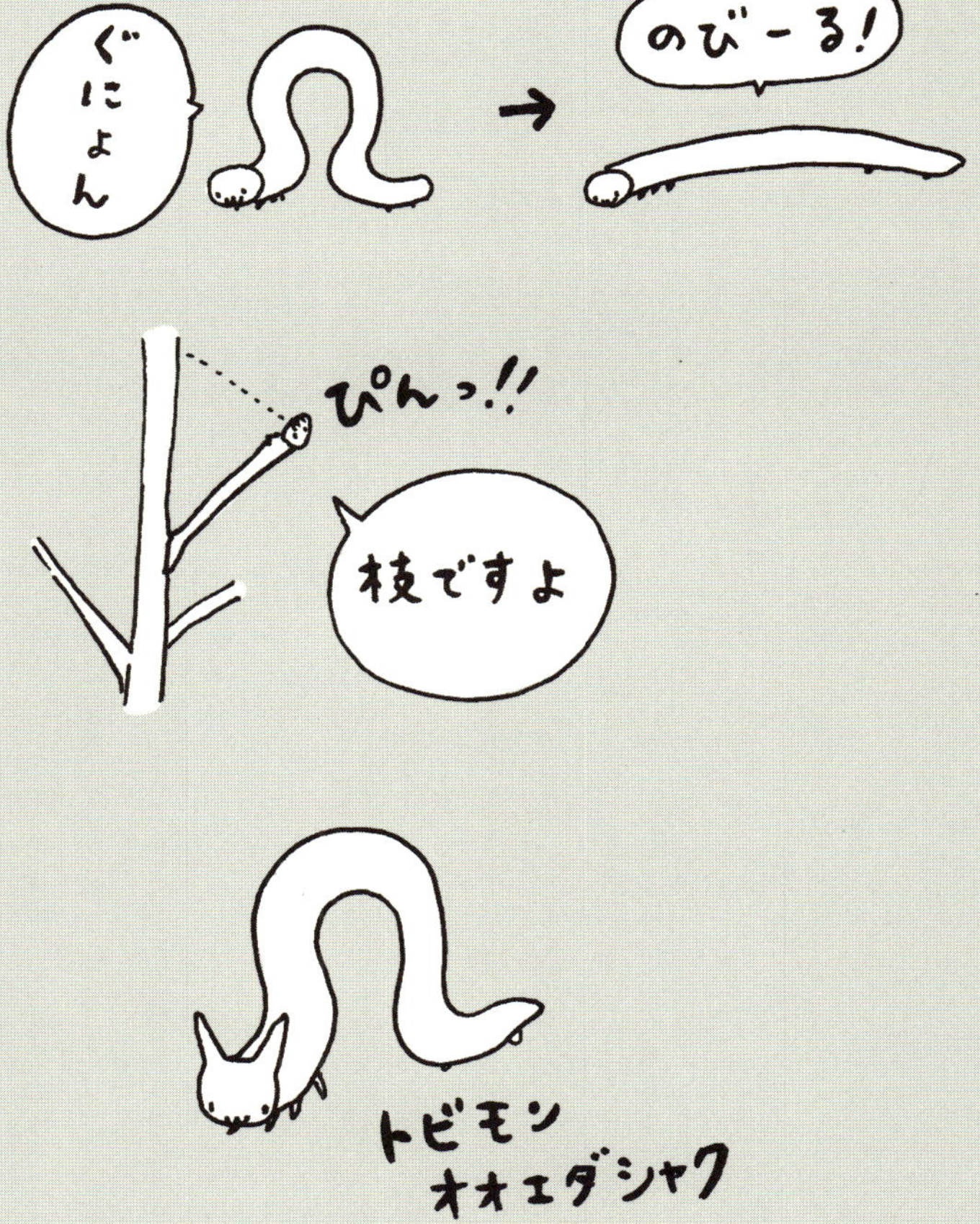

ぐにょん
のびーる!
ぴんっ!!
枝ですよ
トビモン
オオエダシャク

イモムシごとに、
おもしろい習性が
あります!

48 イモムシの顔はどんな顔？

イモムシの写真を見ると、「顔が写っていない！」と残念に感じることがあります。多くのイモムシは普段顔を伏せています。そのため、野外でイモムシを見つけても、その顔をなかなか観察できないのです。なんとか数種類の顔を観察してみると、典型的《てんけいてき》な「イモムシ顔」というのがあることに気がつくはずです。多くのイモムシがこれに近い顔をしています。

古い図鑑などで紹介されているゴマダラチョウの幼中写真は背中側の写真ばかり。たしかに「かわいい正面写真」は資料としての図鑑に必要ないものかもしれませんが、ちょっと味気ない感じがします。ただ、最近ではイモムシのかわいらしさは注目されてきていて、かわいい正面顔を掲載した書籍が増えてきました。

虫に詳《くわ》しくない人も、なんとなく知っているアゲハチョウの幼虫。「大きな目のようなものは実は模様」ということは有名なんですが、では本当の目はどこにあるのでしょうか。先端部分をよく観察してみると、典型的なイモムシ顔を発見できるはずです！

昔の図鑑では
このアングルだけの掲載が多い

ゴマダラチョウの幼虫

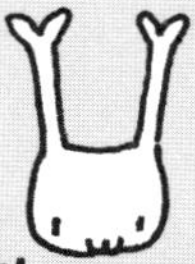

ゴマちゃんの顔

典型的な

イモムシ顔

アゲハチョウ幼虫

顔

これはもよう

ここが顔

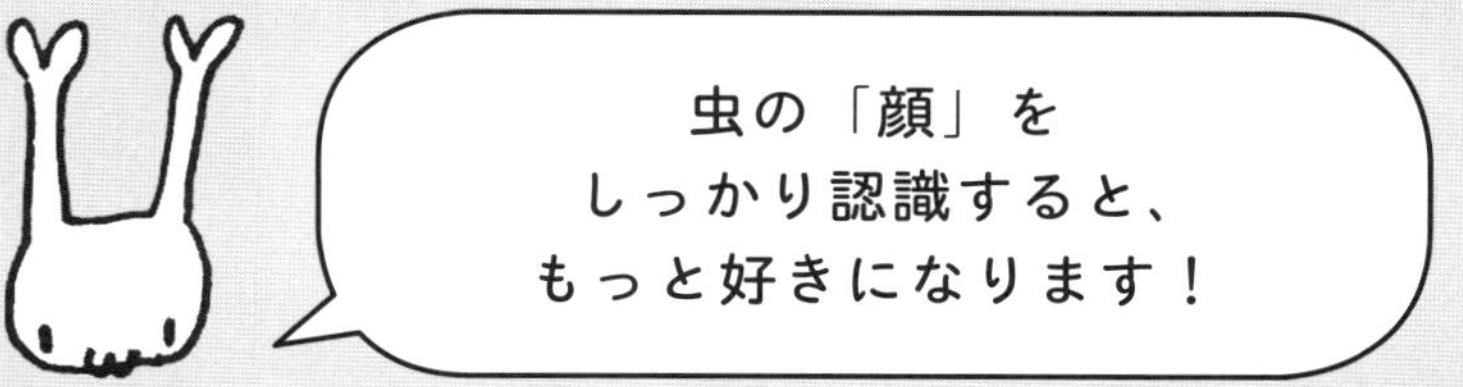
虫の「顔」を
しっかり認識すると、
もっと好きになります！

49 ゴマちゃんを探していると

春から秋にかけて、エノキの樹の周りでゴマちゃんを探していると、たくさんの虫に出会います。

低い株を探すと、ワカバグモが威嚇するポーズをとっていることがよくあります。数種類のシャクトリムシ（シャクガという蛾のグループの幼虫）の他、テングチョウやヒオドシチョウ、ミツボシキリガの幼虫もエノキを好んで食べます。

大木のエノキを観察すると、さらにたくさんの虫が見つかります。ナミテントウ、ナナホシテントウ、キイロテントウなど、テントウムシの仲間もエノキで見つかることがあります。細長く黄色い卵がまとまって産み付けられていたら、それはテントウムシの卵です。産卵場所として選ばれることも多いのです。その他、ずばりエノキハムシという、エノキの葉を食べるハムシの仲間もいます。また、虹色《にじいろ》の羽を持つ美しい甲虫《こうちゅう》、タマムシの成虫もエノキの葉を食べます。

冬にエノキの根元で越冬しているゴマちゃんを探すと、ここではダンゴムシや、同じく越冬しているワカバグモ、テントウムシの仲間も見つかります。見上げると、熟《じゅく》したエノキの実を好む冬鳥《ふゆどり》たちもやってきています。

エノキは虫や鳥にかなり人気があるんですね。ゴマちゃんを探しながら、ぜひ身近な自然観察を楽しんでください！

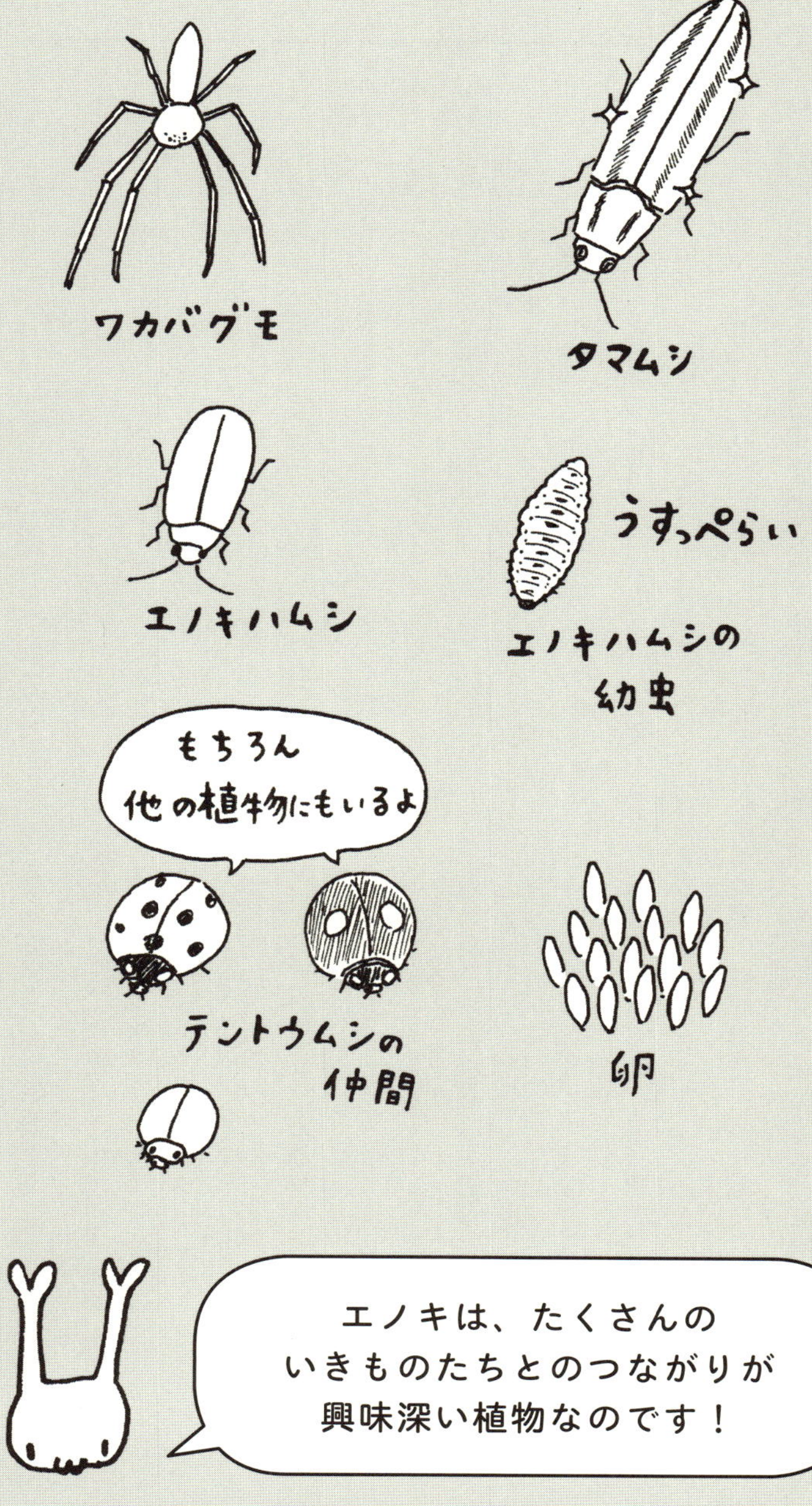
ワカバグモ
タマムシ
エノキハムシ
うすっぺらい
エノキハムシの
幼虫
もちろん
他の植物にもいるよ
テントウムシの
仲間
卵
エノキは、たくさんの
いきものたちとのつながりが
興味深い植物なのです！

50 雑木林ってどんなところ？

ゴマダラチョウはもちろん、さまざまな動植物の棲家《すみか》となっている雑木林。いったいどんな林なんでしょうか。いろいろな生き物がいる場所というと「手つかずの自然」のようなものを思い浮かべる方も多いのかもしれません。しかし、雑木林のほとんどは人の手によって作られたものです。

江戸時代の武蔵野《むさしの》ではあちこちに雑木林が作られました。それらの林は、新田開《しんでんかい》発《はつ》を行うため、コナラ・クヌギなど燃料・肥料《ひりょう》・材木として使いやすい樹木を中心に作られたもので、定期的な手入れが行われていました。具体的には、下草刈りや伐採《ばっさい》などの作業です。伐採＝自然破壊のようなイメージもあるかもしれませんが、適度に日が当たり、色々な植物が育つ環境を作るためには管理も必要なのです。

コナラ・クヌギのような樹木は、切り倒しても切り株から新たな芽、「ひこばえ」が育っていきます。時間はかかりますが、いつかまた材木として利用できる大きさまで成長します。そんな風に「萌芽更新《ほうがこうしん》」をくり返すことで雑木林は成り立っているのです。ただし、現在は、生活に利用するために雑木林を活用することはかなり少なくなっています。それでも以前のような雑木林を維持するために、ボランティアや市民団体が各地で活動しています。子どもたちが大好きなカブトムシやクワガタも生息する雑木林。これからも良い形で残していきたいですね！

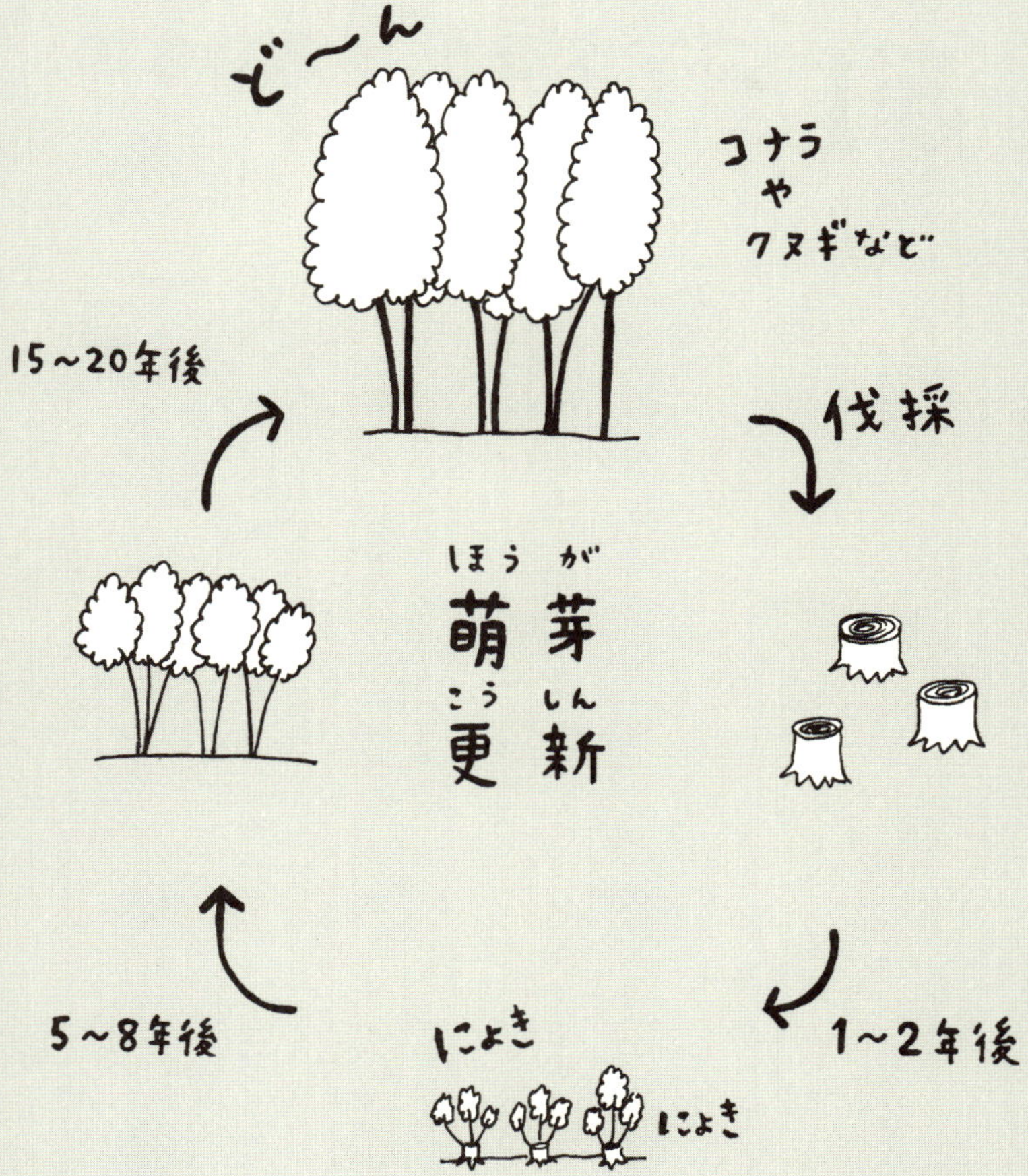
でーん
コナラ
や
クヌギなど
伐採
1~2年後
にょき
にょき
5~8年後
15~20年後
萌芽《ほうが》
更新《こうしん》

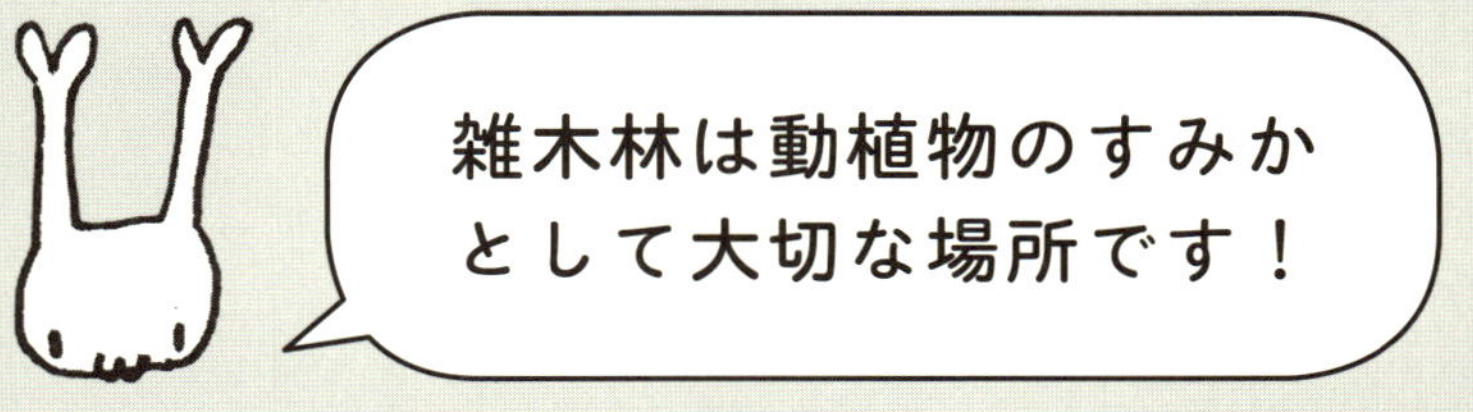
雑木林は動植物のすみかとして大切な場所です！

51 ゴマダラチョウたちの住み分け

ゴマダラチョウとオオムラサキ、地域によっては最近増えてきたアカボシゴマダラ。みんなエノキの葉を食べて育ち、よく似た生態なのですが、微妙《びみょう》に見られる場所に違いがあります。よく言われるのは、「オオムラサキは大木に、ゴマダラチョウは大木～小さな株、アカボシゴマダラは小さな株を中心に付く」という住み分け方ですが、時々例外もあるようです。

その他、好む湿度にも違いがあるようです。オオムラサキが湿潤な環境でしか生きられないのに対して、アカボシゴマダラはかなり乾燥に強く、ゴマダラチョウはその中間のようなイメージです。オオムラサキとゴマダラチョウのほとんどが積もった落ち葉にくっついて越冬するのに対し、アカボシゴマダラの多くは木の幹で越冬しますが、これも、好む湿度の違いによるものだと思われます。

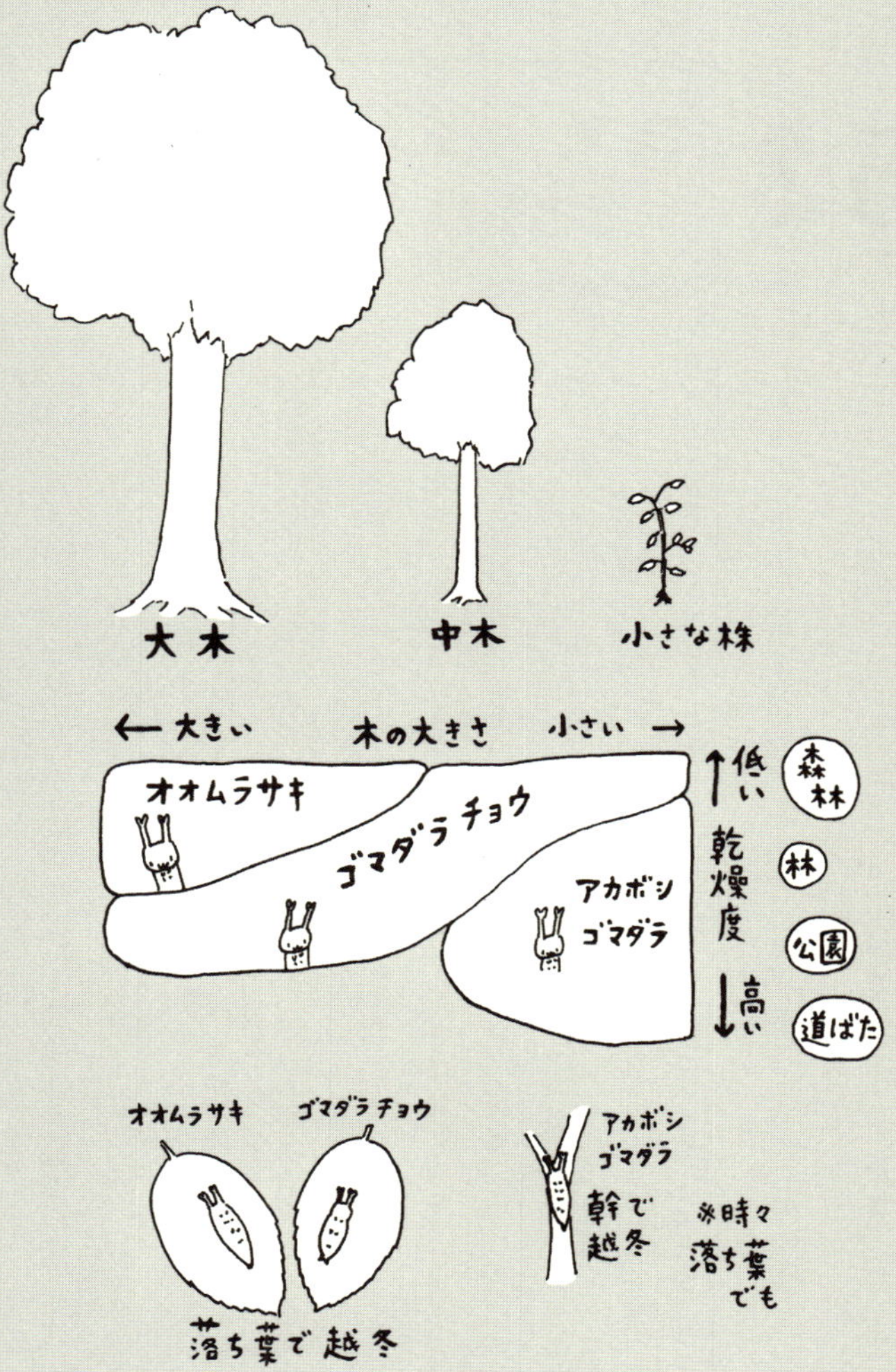

大木
中木
小さな株
← 大きい
木の大きさ
小さい →
オオムラサキ
ゴマダラチョウ
アカボシ
ゴマダラ
低い
乾燥度
高い
森林
林
公園
道ばた
オオムラサキ
ゴマダラチョウ
落ち葉で越冬
アカボシ
ゴマダラ
幹で越冬
※時々
落ち葉
でも

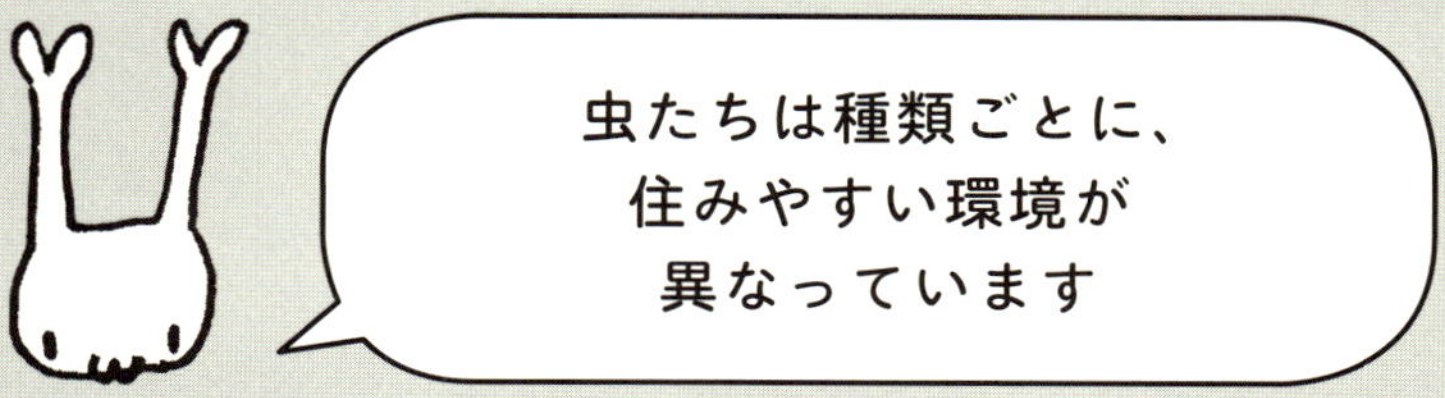

虫たちは種類ごとに、
住みやすい環境が
異なっています

52 悲劇のアカボシゴマダラ

ここ数年で、関東を中心にぐっと分布を広げたゴマちゃんの親戚がいます。アカボシゴマダラは本来、国内では奄美大島周辺のみに生息する美しい蝶です。ところが、ある時期から関東でよく見かけるようになり、気がつけば地域によっては本家ゴマダラチョウよりも目立つようになりました。

微妙な翅の模様の違いから、中国に棲《す》んでいた亜種《あしゅ》の可能性が高いようです。関東で人為的《じんいてき》に放たれたものだと言われています。

関東で見つかるようになって間もない頃は珍しがられていたものの、今では「またアカボシゴマダラだ……」と残念がられることが多くなってきました。

いわゆる外来種。きちんとした調査・研究の結果、本当に駆除《くじょ》が必要だとしたら、それを「かわいそうだから」という理由では反対すべきでないと思っています。しかし、「外来種なのでいきものとして雑《ざつ》に扱《あつか》う」ということがないといいな、というのが私の考えです。

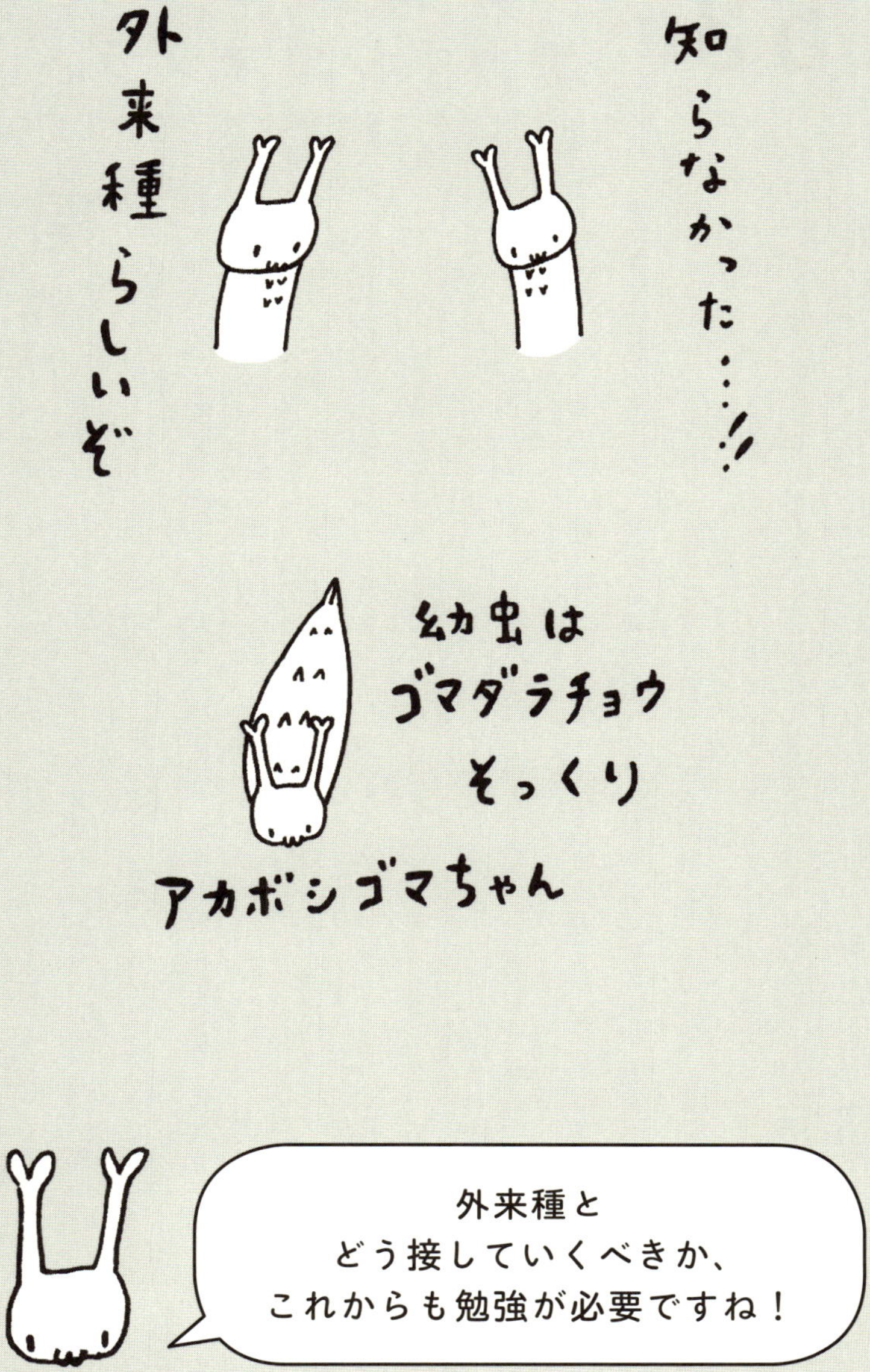
知らなかった…!!
外来種らしいぞ
幼虫はゴマダラチョウそっくり
アカボシゴマちゃん
外来種と
どう接していくべきか、
これからも勉強が必要ですね！

53 幹で越冬するアカボシゴマダラ

関東で増《ふ》えつつある外来種のアカボシゴマダラ。生態のほとんどはゴマダラチョウと共通しているのですが、いくつか異《こと》なる点があり、その違いによって生息地を拡大しています。一つは、乾燥に強いこと。しっかりと緑に守られた湿《しつ》潤《じゅん》な林内でなくても問題なく、たとえば車通りの多い道路際《どうろぎわ》に生えたエノキでも幼虫が見つかることがあります。もう一つは、ゴマダラチョウに比《くら》べて若《わか》いエノキを好むこと。林縁《りんえん》に生えた背の低いエノキでもよく見つかります。

さらに、越冬方法《えっとうほうほう》も異なっています。ゴマちゃんと同様、エノキの落ち葉の裏にくっついて越冬することもあるのですが、アカボシゴマダラはエノキの幹にくっついて冬を越すことができるのです。角をカムフラージュするためなのか、若い枝の分かれ目にくっつくことが多いようです。幹で越冬するアカボシゴマダラ幼虫の背中の突起はエノキの幹の模様によく似ていて、うまく姿を隠しています。アカボシゴマダラが葉の上にいる若いエノキを見つけたら覚えておいて、葉が落ちた頃に根元近くを探せばよく見つかります。時々、大木の幹にくっついている幼虫もいます。

アスファルト舗装《ほそう》の増えてきた現代では、邪魔になる落ち葉をすべて掃《は》いてしまうことが多くなっています。そんなとき、幹にくっついて越冬するアカボシゴマダラはゴマダラチョウに比べて圧倒的《あっとうてき》に有利。増えていくのも当然なのでしょうね。

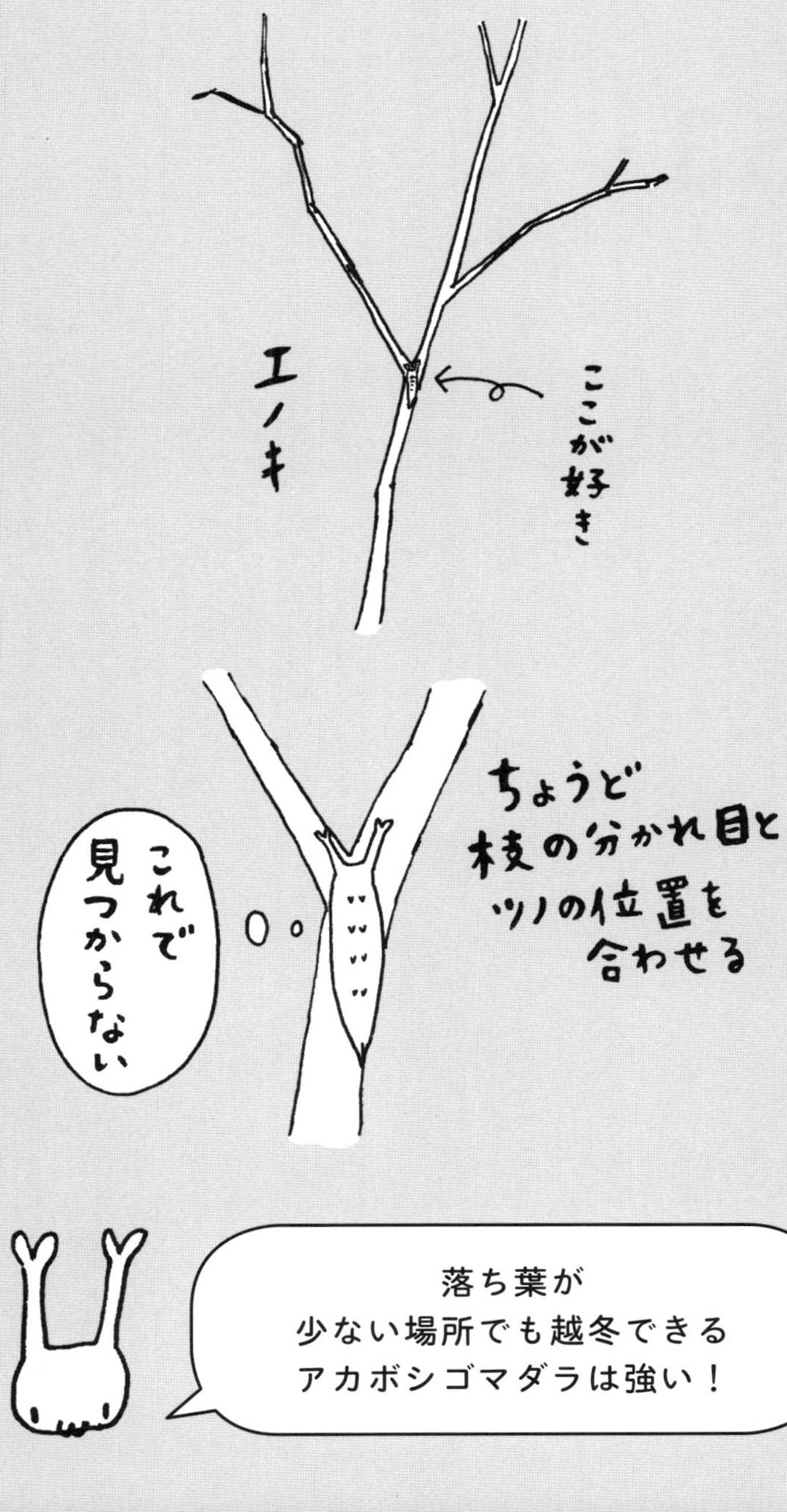
エノキ
ここが好き
ちょうど
枝の分かれ目と
ツノの位置を
合わせる
これで
見つからない
落ち葉が
少ない場所でも越冬できる
アカボシゴマダラは強い！

54 異国のゴマちゃん

ゴマちゃんは日本では普通、ゴマダラチョウと呼ばれますが、Hestina persimilis japonica《ヘスティナ・ペルシミルス・ヤポニカ》という別名も持っています。「学名《がくめい》」と呼ばれるものですね。

さて、先に、ゴマちゃんと似た生態の蝶、コムラサキ亜科の蝶は国内でゴマダラチョウの他に三種、合計で四種いると書きました。ただ、海外も含めると、このコムラサキ亜科のグループにはまだ何種類かいます。

残念ながら私はまだ会ったことがなく、写真でしか見たことがありません。

ゴマダラチョウやオオムラサキの幼虫は、その角の形から「ウサギのような顔」と紹介されることがありますが、海外にはこの角が短い種類もいます。こうなると、「ネコの顔」っぽい感じもします。

なかなか海外へ探しにいける機会はないけれど、いつか会ってみたいな、異国《いこく》のゴマちゃん！

いろいろ
いるんだね
角が短い!
猫耳?
体のパーツ
あちこちはそっくり
でも
どこかが違う
海外の仲間たち
海外にも
ゴマちゃんのような
イモムシがたくさんいる!

55 オオムラサキではなくゴマダラチョウ

オオムラサキは、卵の頃から成虫にいたるまで、ゴマダラチョウとその生態がとてもよく似ています。日本各地の雑木林に生息し、大型で美しい翅を持つオオムラサキは国蝶に選ばれています。かつては身近な蝶だったオオムラサキですが、ゴマダラチョウに比べるとやや自然度の高い環境を好んでいて、現在では限られた場所でしか見られない蝶となってしまいました。

といっても、国蝶としてかなりの人気を持つオオムラサキは、各地で保全活動《ほぜんかつどう》が盛《さか》んに行われています。山梨県《やまなしけん》には「オオムラサキセンター」があるほどです。確かに生息地は狭められているものの、大切に扱われ、常《つね》に注目されています。

それに対してゴマダラチョウはどうでしょうか。都市部でも見られるゴマダラチョウは、「普通種」として親しまれてはきたものの、特別な関心を持たれることはあまりなかったようです。二〇〇〇年代になっても、当たり前のように「普通に見られる種」と思われていたのですが、ここ数年で外来種アカボシゴマダラの増加《ぞうか》も目立ち、ゴマダラチョウは減少種《げんしょうしゅ》だと言われるようになってきました。まだまだ都会の公園で見られることもあるゴマダラチョウですが、いつまでも普通種だと思って無関心でいると、いつのまにか地域絶滅《ちいきぜつめつ》なんてことにもなりかねません。早めに関心を持って、その動向《どうこう》を見守っていきたい蝶なのです。

国蝶なのです!!
えっへん
国蝶
オオムラサキ
同じ顔なのに
ゴマダラチョウ
同じ顔…
アカボシゴマダラ
ゴマちゃんはどこでも見られる普通種?
?
「普通種」が普通に
生息できる、そんな環境を
残していきたいですね!

「普通の自然」を楽しもう

玉川上水
——私の身近な自然スポット

「玉川上水《たまがわじょうすい》」は江戸時代に築《きず》かれた水路《すいろ》です。人口の増えた江戸市中へ飲用水《いんようすい》として多摩川《たまがわ》の水を運ぶため、羽村《はむら》から四谷《よつや》までのおよそ四三キロメートルという長い距離を工事によって開削《かいさく》したものです。上水を清潔《せいけつ》に保つため、水路周りの管理が徹底《てってい》されていた時代もありましたが、時の流れとともにその役割は変わり、現在は季節《きせつ》ごとに多様な動植物を楽しめる散策路《さんさくろ》になっています。

玉川上水では典型的な「武蔵野《むさしの》の雑木林」環境で見られる野鳥、野草、昆虫と出会うことができます。ただ、自然に特別な関心がなくても、毎日のように散歩している方や、通学・通勤《つうきん》に利用している方を多く見かけます。

玉川上水のすぐ近くに住む私にとっても、大切な場所です。ここで毎日自然を楽しみながら勉強したり、調査したり、自然観察会を開いたり。玉川上水を軸に、老《ろう》若男女《にゃくなんにょ》問わずたくさんの人と交流しています。

これが玉川上水《たまがわじょうすい》だ！

取水堰
東京都
羽村市
福生市
立川市
小平市
西東京市
武蔵野市
杉並区
玉川上水
新宿区
昭島市
小金井市
三鷹市
世田谷区
渋谷区
多摩川

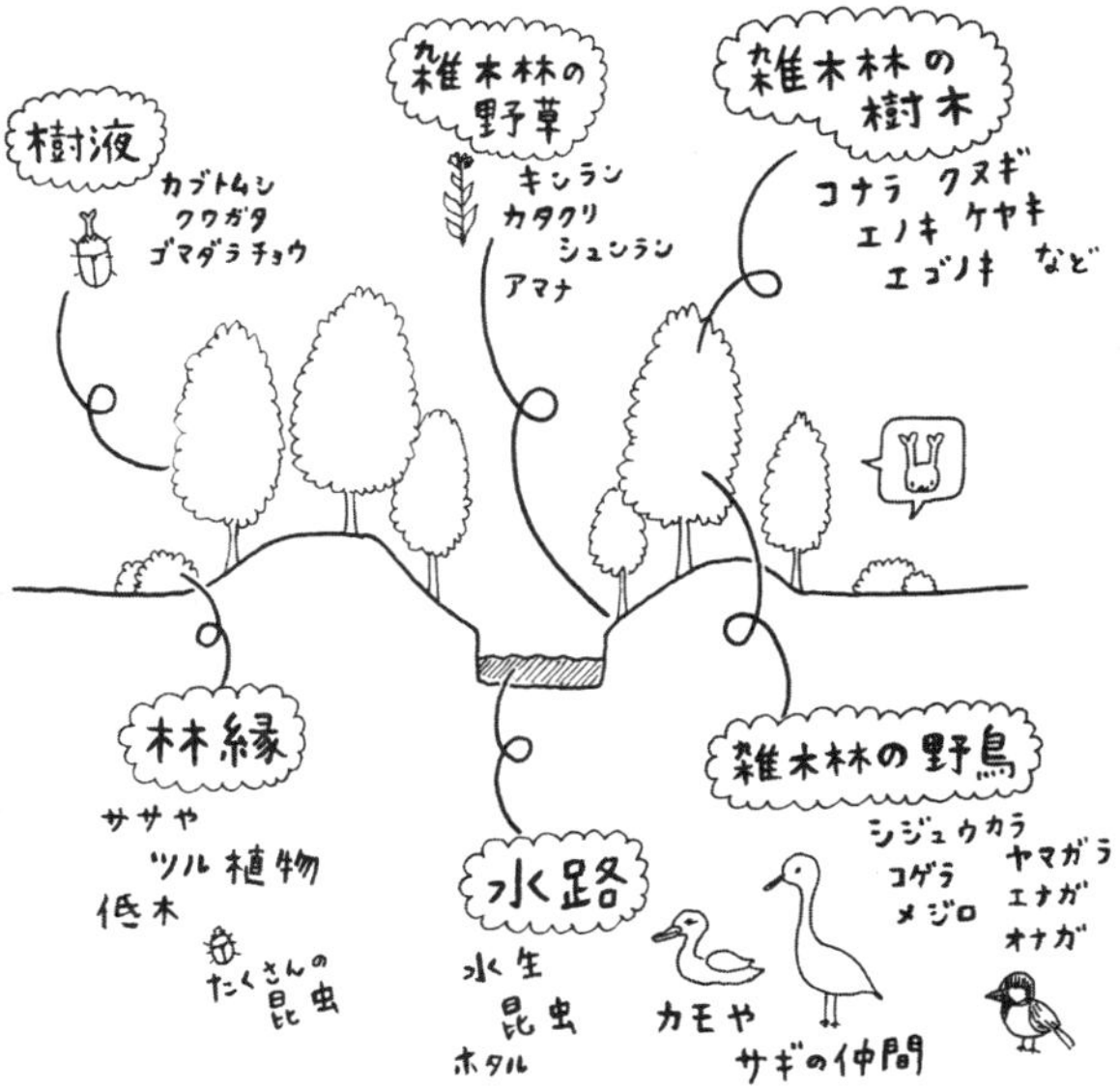
樹液
カブトムシ
クワガタ
ゴマダラチョウ
雑木林の野草
キンラン
カタクリ
シュンラン
アマナ
雑木林の樹木
コナラ クヌギ
エノキ ケヤキ
エゴノキ など
林縁
ササや
ツル植物
低木
たくさんの昆虫
水路
水生昆虫
ホタル
雑木林の野鳥
シジュウカラ
コゲラ
メジロ
ヤマガラ
エナガ
オナガ
カモや
サギの仲間

玉川上水は新宿まで流れている！

さて、玉川上水について、もう少し詳しく解説してみます。玉川上水は羽村から四谷まで続いていると書きました。市で言うと、羽村市から新宿《しんじゅく》区まで。途中《とちゅう》には福生《ふっさ》市、昭島《あきしま》市、立川《たちかわ》市、小平《こだいら》市、小金井《こがねい》市、武蔵野市、西東京市、三鷹《みたか》市、杉並《すぎなみ》区、世田谷《せたがや》区、渋谷《しぶや》区を通過します。意外にたくさんの市や区と関係しているんですね。

さらに、玉川上水からはたくさんの分水《ぶんすい》が引かれています。玉川上水は「御上《ごじょう》水《すい》」とも呼ばれ、江戸市民のために作られたものであり、多摩の人々は直接《ちょくせつ》利用することができませんでした。そのため、新田開発《しんでんかいはつ》は分水を利用し、進められました。

水は高い場所から低い場所へしか流れません。玉川上水は、羽村から四谷までの少ない高低差でもなんとか水を通すために、なるべく標高が高い進路を選んで開削されました。このことによって、南北両側に分水を引くことができ、玉川上水周囲

羽村取水堰
玉川上水の
出発点

両岸が雑木林と
なっている
立川市内

夏でも涼しい
小平市内の
散策路

の村が発展《はってん》していきました。この分水を含めると、東京都内ではかなりの範囲《はんい》と玉川上水が関係しているといえます。

玉川上水沿いに細く長く続く緑地は、ビオトープ・コリドー（生態的回廊《せいたいてきかいろう》）として機能しています。生き物たちが行き来できる緑地が残されていることが、その多様性を維持するために役立っています。ただ、実際には途切《とぎ》れてしまっている部分も多く、今後も開発によってさらに分断《ぶんだん》されていく可能性があります。

また、残念ながらすでに暗渠《あんきょ》（地下に埋《う》まった水路）となってしまっている場所がありますし、分水路《ぶんすいろ》にいたってはどこに引かれていたのか分かりにくくなってしまっているような場所もあります。しかし二〇一六年、「プロジェクト未来遺産《みらいいさん》」に玉川上水とその分水網《ぶんすいもう》の保全活動が登録されました。さまざまな視点で、さまざまな都合があり、開発が避《さ》けられない場合もありますが、今後もできるだけ良い形で残していけたらと思い、日々活動を続けています。

自然観察会に参加しよう

実は、日本中あちこちで行われている自然観察会。いったいどんなものなんでしょうか。

インターネットで「地域名＋自然観察会」などのワード検索をすれば、きっと色々な自然観察会が見つかるはずです。その他、地域の情報を集めた紙面に掲載されていることもありますし、事務所のある公園ならばチラシが置かれていることもあります。

観察会の内容によって進行はさまざまですが、大まかな流れとしては、集合→簡単な自己紹介《じこしょうかい》→皆《みな》で移動しながら動物や植物を観察→解散《かいさん》、という流れになっています。

「セミの羽化観察」、「越冬昆虫の観察」、「夏鳥《なつどり》の観察」のように、テーマを定めている場合もありますし、特別なテーマは定めず、その時期に見られる動植物を楽しむ場合もあります。

「専門的《せんもんてき》な知識《ちしき》がないと楽しめないのでは……」と心配する方も多いかと思いますが、多くの自然観察会は初心者大歓迎《だいかんげい》。むしろ、「初心者が多いほうが進行しやすい」と思っている観察会のリーダーも多いのではないかと思います。

服装《ふくそう》だけは注意が必要です。特別なアウトドア用品を用意する必要はありませんが、虫刺《むしさ》されやケガの対策に、長袖《ながそで》長ズボンで、天気や気温によっては熱中症《ねっちゅうしょう》対策の帽子《ぼうし》や飲み物を忘れずに。

参加費はほとんどの場合、無料〜数百円（主に資料代《しりょうだい》や保険料《ほけんりょう》）程度です。身近な自然の面白さが、気軽に体験できる自然観察会。行かない手はありません！　たとえば休日に、遊園地に行く、美術館《びじゅつかん》に行く、映画を見に行く、コンサートに行く、そういった選択肢《せんたくし》のなかに、「自然観察会に行く」も当然のように入ってほしいなと思っています。ぜひぜひ気軽にご参加ください！

自然観察で拡がる友だちの輪

専門的な知識がなくったって、誰《だれ》にでも始められるのが自然観察会だと思っています。

ただ、特別に自然への関心がないお友だちを「自然観察しようよ！」と誘《さそ》っても、なかなかピンと来てもらえないかもしれません。まずは、ちょっとした散策の中で、自分の好きな動植物を紹介するところから。街を歩いていても、案外いろいろな樹木が見つかります。花見の時期の桜《さくら》以外にも、きれいな花を咲かせる街路樹《がいろじゅ》がたくさんあります。そして、そういった街路樹や植え込み、花壇を探すだけでも結構な数の虫がいます。大人になって虫が苦手になってしまった方はたくさんいます。私の知人にもたくさんいます。ただ、目の前で、他の人が虫と触《ふ》れ合っているのを見ることで、大丈夫になっていくケースが多いようです。もちろん、虫嫌いの人に無理やり虫を触らせたりだとか、押し付けるようなことをしてはいけませんが。

ちょっとずつ興味《きょうみ》を持ってもらえるようになったら、ぜひ小さな自然観察会を企《き》画《かく》してみてください。「虫を探す会」、「のんびり鳥の声を聞く会」、「知らない植物の名前を好き勝手につける会」、どんなものだっていいと思います。

そういった、小さな観察会をやっていると、自然と輪が広がっていくこともあります。

ある時、玉川上水で知人と散策中に、樹に止まっているオオミズアオを発見しました。しばらく二人でじろじろと観察をしていると、通行人も気になるのか、集まってきます。何かの用事の帰り道なのか、着物を着たご婦人《ふじん》が通りかかります。

「なにかあるのかしら？」

静かに指をさすと、その美しい蛾の姿に驚いたようでした。

「蛾の仲間です。きれいな翅ですよね」

その方と翅の色の美しさで盛り上がっていると、また別の方が通りかかります。カメラを持ったおじさんです。

「おっ！　オオミズアオだね」

こんな風に、地域の人間が集まっていって、即興《そっきょう》の自然観察会が発展していくこともあります。こういった出会いがきっかけで、さらに自然観察仲間が増えること

雑木林の女神
オオミズアオ

こんな風に
堂々と木の幹に
止まっています

つる植物が
蔓延る林縁に
たくさんの昆虫が

もちろんあります。

こうやって、自然観察の輪が広がっていったら、身近な自然がもっともっと楽しくなりますよ！

自然観察会をやってみた

二〇一七年二月。私は初めて自主企画《じしゅきかく》による自然観察会を開催《かいさい》しました。

それまでに、依頼《いらい》される形で自然観察会の講師《こうし》を行ったり、知人たちと簡単な自然観察会のような散策をすることはあったのですが、きちんと自分で企画を立てて観察会を行ったのはこの時が初めてでした。

テーマは「冬鳥や越冬昆虫の観察」で決定。樹の上や遠くを眺《なが》めることの多い冬鳥観察と、地面をゴソゴソと探ることの多い越冬昆虫観察はちょっとミスマッチではあるのですが、開催中に満足のできる出会いがあるか分からない野鳥観察だけでは心許《こころもと》ないので、じっくり探せば何かは見つかる虫探しを保険にしておきたいという狙いでした。

さっそくチラシをつくり、あちこちで告知。地域の方たちにチラシを配布《はいふ》する以外に、ブログやSNSでも告知をしていきます。地域住民に、その地域の自然への関心を高めてもらうこと、普段はあまり自然と接《せっ》する機会のない方に自然の面白さを体験してもらうこと、それぞれどちらも大切なことだと思っています。

前週にはしっかり下見《したみ》をしておきます。下見の時に見られた動植物が当日にも見られるとは限らないのですが、ある程度アタリをつけておきます。どんな順路で進んでいくか、危険な場所はないか、事前に把握《はあく》しておくことは必須《ひっす》です。あとは当日、天気が崩《くず》れないことを祈り、いよいよ本番を迎《むか》えます。

本番直前にも早朝に少し下見します。集合場所のすぐ近くで、フユシャクのメス(冬季に成虫が見られる蛾の一種、メスはほとんど翅が退化している)を発見しました。このラッキーな発見は、観察会の導入《どうにゅう》に利用できたのですが、そのフユシャクの正式名称を間違えて紹介してしまっていたことに後になって気がつきました。くやしいけれど、時にはそういったミスもあります。

観察会中は私も全力で楽しみます。動植物の種類によっては、参加者の方が詳しい場合だってあります。教えつつ、教えられつつ、一緒《いっしょ》に自然の面白さを体験していきます。参加者全員で散策するため、普段少人数で調査していたときには気がつかなかったものを発見することはよくあります。

エノキの多いエリアでは、じっくりと落ち葉をごそごそ探しました。ゴマちゃん

こんな
チラシを
作りました

翅が退化している
不思議な
フユシャク

ゴマちゃんを
発見！

も無事に見つかり、「落ち葉をすべて掃いてしまえば越冬することができない」といった説明とともに紹介しました。

この冬、例外的に多数飛来していた野鳥、アトリも良いタイミングで近くへやってきてくれました。数十羽ほどの群《む》れです。鮮やかな羽根をみんなで楽しみました。その他にも、玉川上水で見られる冬鳥とはひと通り遭遇《そうぐう》することができました。

終わってみれば、二時間半くらいの間に、かなりたくさんの虫や鳥と出会うことができていました。初めて自然観察会に参加する方や、玉川上水へ来るのは初めてという方も多く、やりがいのある観察会でした。ケガもなく、無事に会が終わるとホッと一安心。

これからも自然観察会を続けていこうと決意しました。まだまだ未熟者《みじゅくもの》ですが、動植物たちとの出会いを楽しみながら精進《しょうじん》していきたいと思っています。

玉川上水で越冬ゴマちゃんを探す

年明け間もない二〇一七年一月。玉川上水で、知人との「ゴマちゃんを探す会」が開かれました。ありがたいことに、いや運命なのか、私の住んでいる場所の近くにはゴマちゃん好みのエノキの大木がたくさんあります。見つけやすいポイントは、しっかりと根本にエノキの葉がたまっていること。分かれている太い根の間は絶好《ぜっこう》のゴマポイント。良さそうな場所を見つけたら、ひたすら落ち葉をガサゴソと探ります。

活動時には葉の表にいるゴマちゃんですが、越冬時にはかなりの確率《かくりつ》で裏側を選ぶようです。裏側に注意しつつ、落ち葉をめくる、めくる、めくる……いた！　ゴマちゃんだ！　一頭でも見つかった場所にはまだまだ見つかることが多い。探し続けると、どんどん見つかります。意外と樹から少し離れた場所でも見つかったり。探している途中で踏んでしまわないかと心配になります。

完全に顔を伏せた状態で越冬するゴマちゃんたち。どうしても顔を見たいときは、そっと軽く落ち葉を折り曲げます。パキッと折れてしまいそうな乾燥気味の葉の場合はやめておきます。うまく顔が見えると、やっぱりかわいい！　コアラに似ている、ウサギに似ている、いろいろな解釈がありますが、どうなんでしょう。さて、国蝶であるオオムラサキは各地で幼虫の個体数調査が行われていますが、ゴマダラチョウの調査はまだまだ盛んに行われているとは言えない状況だと思います。

外来種アカボシゴマダラの影響も気になる昨今。各地でゴマダラチョウ調査が行われるようになったらいいなと思います。

こんな雰囲気の
エノキ大木で
見つかります

くっついていた
越冬幼虫を
発見！

そーっと顔を
みせてもらいます

ゴマちゃんが虫嫌いの心をほぐす!?

自然観察会でのできごと。玉川上水での野鳥観察会の最中に、ゴマちゃんの親戚であるアカボシゴマダラの幼虫を発見しました。

今の関東では、ちょっとした散策で見つけやすいのはゴマダラチョウよりもアカボシゴマダラ。外来種ではあるものの、生態や見た目に共通点は多く、ゴマダラチョウについて知ってもらうための題材にはぴったり。このアカボシゴマちゃんを軸に話を展開していきます。

終齢幼虫は見事に葉っぱに擬態しています。まずは、どこにイモムシがいるのか探してもらいます。これがゲームのようでなかなか盛《も》り上がるのです。

「葉っぱにそっくり!」

「ツノがある!」

「何でツノがあるんだろう?」

といった声があがります。

せっかくの機会なので、少しだけエノキをまげて、顔を見せてもらいました。

「かわいー！」

という声があがります。

しかし、すぐに伏せてしまうのは本家ゴマちゃんと同じ。

あまり刺激を与《あた》えたくはないので、あとは普段から用意している、三〜四齢くらいの最もかわいいゴマちゃんの写真を見てもらいます。

リュックに付けていた、オオムラサキ幼虫のバッジに気づいた子もいました。

「リュックに付いてるー！」

「これはね、似ているけど国蝶、国の蝶であるオオムラサキ。ゴマちゃんは国蝶とも親戚なんだよ！」

日本の国蝶についての話から、状況《じょうきょう》によっては外来種であるアカボシゴマダラが増えていくことによる問題などにも話を広げていきます。

「虫なんて気持ち悪い」と言っていた方が、「これならかわいい……かも？」と言う場面にも何度か遭遇しています。初めてゴマちゃんや、オオムラサキ、アカボシゴマダラの幼虫の顔を見たとき、こんな顔の虫がいるの!?と驚く人がたくさんいます。

虫との関わりが少なくなった現代。年代性別問わず、虫嫌いは増えていっているようです。でも、そんな虫嫌いの方も、機会があれば心変わりすることもあるかもしれません。そのとっかかりとして、ゴマちゃんの活躍に期待します！

葉の上で休む
アカボシゴマダラ

いつも
持ち歩いている
解説用の写真

夏の
アカボシゴマダラ
終齢幼虫

ルリ子観察日記

春、サルトリイバラの葉に小さな虫食いの痕を発見。めくってみると、三ミリほどの小さな幼虫がいました！　丸まっています。ルリタテハの幼虫です。気になったこのルリタテハ幼虫を、じっくり飼育観察することにしました。

観察してみると、葉っぱを食べる動きはゴマちゃんに似ています。しかし、普段は葉の裏にいること、ほとんどの時間は丸まっていることなど、違いもたくさんあります。こういった「差」の発見が楽しい！

最初は毛のようなものがたくさん生えていたその姿。脱皮をくり返すうちに、トゲが目立つ異様な姿になってきました。危険なトゲを持つイラガの幼虫のような姿です。といっても、このルリタテハには毒がありません。触っても大丈夫！　ちなみに、タテハチョウの仲間には、こんなトゲトゲのイモムシが多く、ゴマちゃんのグループが異例《いれい》なのです。

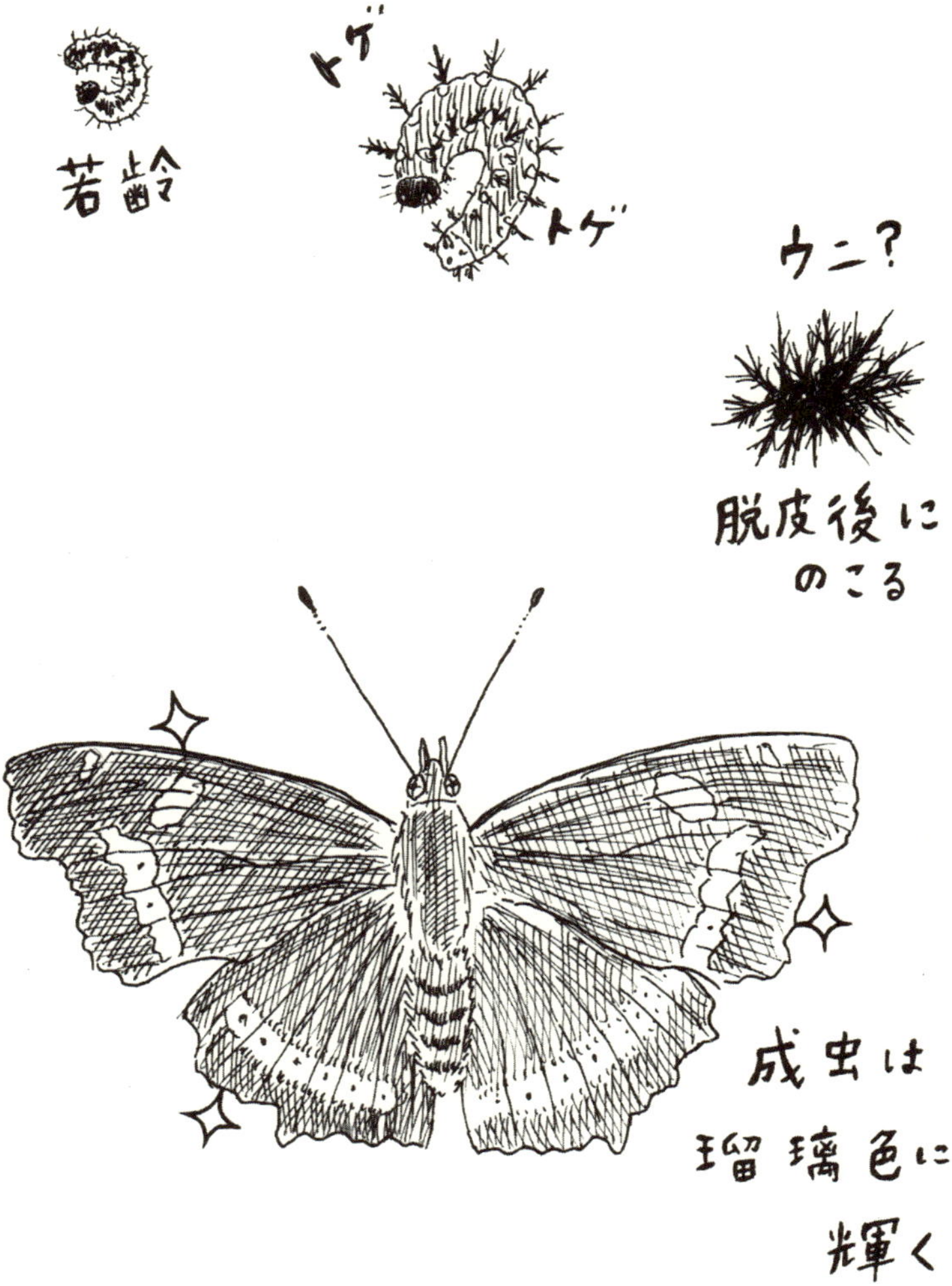
若齢
トゲ
トゲ
ウニ?
脱皮後に
のこる
成虫は
瑠璃色に
輝く

トゲトゲの体なので、脱皮時に脱いだ皮も当然トゲトゲ。これがウニのようでかわいらしい。

顔は小さめで真っ黒。このルリタテハの幼虫も典型的なかわいらしいイモムシ顔なのですが、なかなかそのかわいらしさは伝わりません。

四回脱皮をすると、いよいよ終齢幼虫。トゲは明るい色になり、大きさも五センチ近くに。立派なイモムシです。

蛹は枯れ葉のような色合い。蛹化の仕方はゴマちゃんにかなり似ていますが、見た目は別物です。

いよいよ羽化すると、現れるのは美しい翅……ではなく地味な模様の翅。「ルリタテハの名前となっている瑠璃色《るりいろ》は、表側のみ。裏側は樹皮《じゅひ》のような模様なのです。しばらく様子を見ていると、ヒラッヒラッと翅を広げたり閉じたりをくり返します。翅を開いた時に見える瑠璃色の翅は息をのむ美しさ。

実際に虫を飼育してみると分かる発見はかなりたくさんあります。飼育されることは虫にとってうれしいこととは限らないかもしれませんが、生態をしっかり学んで、いきものたちの保全に活用していきたいと思っています。

簡単な調査をしてみよう

動植物の調査は専門家にしかできないものと思っている方も多いのではないでしょうか。実際は、どんな方でも調査ができて、その意味が充分にあると思っています。

最初の一歩としてまずおすすめしたいのは、散歩中に見つけたもののメモ。日付は忘れずに。余裕《よゆう》があれば、その日の天気や気温、気になったことをメモしておけば後で役に立ちます。動植物の正確な名前が分からなくても、スケッチをしたり、写真に撮ったり、場所を覚えておいたりすれば、後に詳しい方に教えてもらうこともできます。

たとえば駅前の桜。花が開いたことに気がついたら、そっと日付とともにメモをしておきます。「三月二九日、駅前の桜開花」。こういったメモを書き溜《た》めたものを、「フィールドノート（野帳《やちょう》）」と呼びます。一年続けたら、前年の開花日と比較《ひかく》するようなこともできます。今年は早いのか、遅いのか、気候との関係はあるのか、色々なことが分かってきます。いつ花が咲《さ》くか予想も付くようになるので、話の種にもなります。同じように記録を付ける、調査仲間に出会えることもあるかもしれません。

調べることによって、地域の人間が地域の自然に詳しくなる。それは、地域の自然を大事にしていく上でとても大切なことだと思っています。自分だけの、世界にひとつだけのフィールドノートを作ってみませんか。

3月28日
駅前の
ソメイヨシノ
開花
3月29日
ウグイス
鳴いてた!!
(家の裏)
野帳
2017

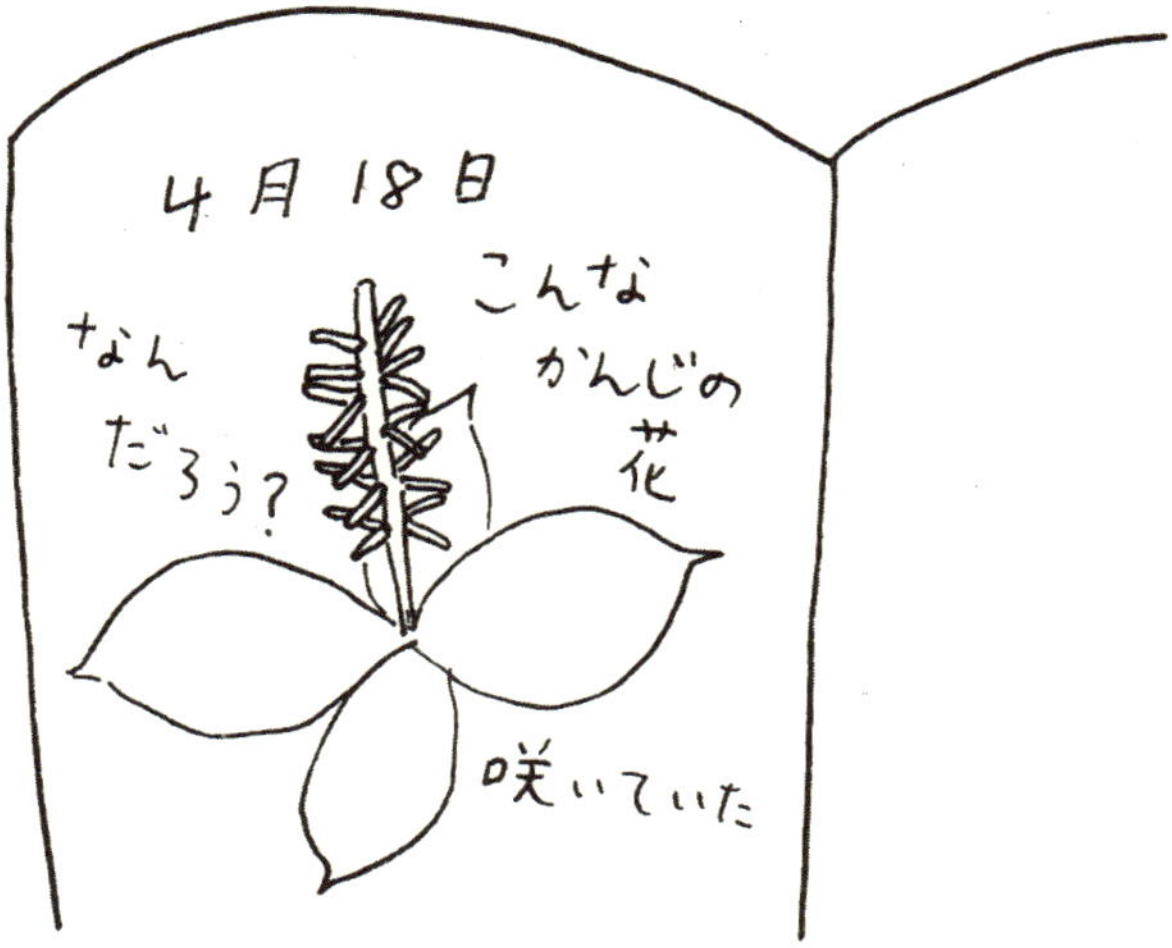
4月18日
なんだろう?
こんな
かんじの
花
咲いていた

虫のこと

身近な自然にも、季節ごとにたくさんの虫たちとの出会いがあります。

早春にさっそく登場するのは、ふかふかのビロードツリアブ、トラフコメツキ。樹木の新芽が伸び始めると、イモムシたちの姿も目立つようになります。蛹で越冬したアゲハチョウたちも羽化し、飛び回ります。くりっくりの目がかわいいアオスジアゲハは飛ぶスピードが速いので、花に止まるタイミングで観察します。

梅雨《つゆ》の頃には、年一回しか見られない「ゼフィルス」の姿が見られます。美しい翅を持つシジミチョウの一群をそう呼ぶのですが、名前からしてもう魅力的だと思いませんか。

夏の虫といえば、カブトムシ、クワガタムシ。樹液にやってくる蝶や、美しい翅を持つ蛾も楽しめます。スズメバチには気をつけて。セミの羽化観察も忘れずに。

秋。鳴く虫たちの大合唱が聞こえるようになりますが、探しても探しても姿はな

体はふかふか
ビロードツリアブ

ゼフィルスの一種
ウラナミアカシジミ

幻想的な
アブラゼミの
羽化

かなか見られません。夏の虫たちがいつまで見られるのか記録をつけるのも楽しい時期です。

冬。虫の気配は少ないのですが、私はこの時期の虫探しが大好きです。越冬ゴマちゃん探しはもちろん、隠れている虫たちをごそごそと探すのが楽しい！　宝探《たからさが》しのような感覚です。フユシャクという冬に見られる蛾の仲間、マダムファッションのように首周りがふかふかなキリガの仲間もこの時期にたくさん見つかります。

こうやって考えると、虫探しにオフシーズンはないのです。一年を通して、ぜひ素敵《すてき》な虫ライフを！

植物のこと

私のフィールド、玉川上水では典型的な武蔵野の雑木林の植物が季節ごとに楽しめます。

早春には「スプリングエフェメラル―春の妖精―」と呼ばれる可憐《かれん》な野草たちが花を咲《さ》かせます。カタクリ、ニリンソウ、アマナ。これらは周りの雑草が伸び始める頃には、あっという間に消えてしまいます。

四月には多くの桜が開花。植えられたソメイヨシノも多いのですが、ヤマザクラや変わった形の花をつけるイヌザクラ、ウワミズザクラも見られます。

五月にはキンラン、ギンランといったランの仲間が開花。エゴノキが開花すると甘《あま》い香《かお》りが漂《ただよ》います。夏にはノカンゾウ、ヤマユリ、ギボウシといった花たちが次々に開花します。夏から秋にかけては「秋の七種」も楽しめます。

秋の野草と言えば、リンドウやホトトギス。

花の少ない冬にも、ヤブツバキやサザンカが花をつけます。一二月には落葉樹《らくようじゅ》の美しい紅葉、そして落葉も目を喜ばせます。

こういった場所で一年を過ごすと、「変化のない毎日」なんてことはありえません。じっくり観察するために、「もっとゆっくり変化してほしい」と思うくらいです。季節の変化が感じられる自然環境《しぜんかんきょう》が、これからも良い形で残っていってほしいと思います。

見られる場所が
減ってきている
キンラン

地味だけど
大好きな花
シュンラン

夏を彩る
ノカンゾウ

鳥のこと

身近な鳥の話を少し。実は、身近な場所で見られる野鳥はかなりたくさんいます。自然に特別な関心のない方に、「どんな野鳥を見たことがありますか？」と尋《たず》ねると、帰ってくる答えは「スズメ、ハト、カラス、あとは……カモ？」こんなところです。しかし実際には、都会的な環境にも色々な種類の鳥が暮《く》らしています。ムクドリ、ヒヨドリ、ハクセキレイ、シジュウカラ。こういった鳥は街中でも普通に見られます。そして、よく見かけるカラス、ハトは二種類ずつ。ハシブトガラスとハシボソガラス、キジバトとドバト、それぞれ違う種類です。

夏には、立ち並ぶビルの間をツバメが飛んでいる姿もよく見かけます。小さな公園でもあれば、メジロやエナガが。コゲラという小さなキツツキがいることもあります。冬にはツグミ、ジョウビタキもやってきます。

珍しい野鳥のイメージがある渓流《けいりゅう》の宝石カワセミも、ちょっとした水場のある東

声も姿も
美しい夏鳥
キビタキ！

出会えたらうれしい
渓流の宝石
カワセミ

雑木林の
生態系の頂点
オオタカ！

京二三区内の公園で見られることがよくあります。

身近な場所に、意外なくらいたくさんの種類が暮らしています。街を歩くとき、公園を歩くとき、ぜひ耳をすまして、鳥たちの声を聞いてみてください。野鳥たちの声を覚えたら、忙《いそが》しい毎日の移動中にもどんな鳥が来ているのか分かるようになります。ぐっと毎日が楽しくなりますよ！

自然観察指導員とは

日本自然保護協会《にほんしぜんほごきょうかい》（NACS-J）自然観察指導員《しぜんかんさつしどういん》は、地域に根ざした自然観察会を開き、自然を自ら守り、自然を守る仲間をつくるボランティアリーダーです。私も、自然観察指導員の一人として、仲間とともにあちこちで活動しています。

自然観察指導員は試験を受けて、認定《にんてい》されるような資格《しかく》ではありません。各地で開催される講習会《こうしゅうかい》を受けると、自然観察指導員として「登録」されることになります。その後は、それぞれの地域の連絡会と連携《れんけい》しつつ、さまざまな形で活動していくことになります。

知識を詰《つ》め込むような勉強会ではなく、自然の仕組みを感じるような観察会を目指しています。専門的な調査を行い、「希少種《きしょうしゅ》・絶滅危惧種《ぜつめつきぐしゅ》が生息しているのでこの緑地を守るべきだ」と訴《うった》えていく場面はたしかにあります。しかし、地域住民が身近な自然に関心を持っているかどうかも大きな問題です。動植物の名前をひたすら覚えていくような「勉強会」ではなく、五感で自然を感じとり、そのつながりを理解《りかい》していく観察会に専門的な知識は必要ありません。「自然観察からはじめる自然保護」というキーワードのもと、今日も各地で自然観察会を開催しています。

トコロジストになろう――地域の自然の大切さ

トコロジストという言葉があります。

自然に関する専門家というと、「クモのことならなんでもおまかせ」「キノコのことならなんでもおまかせ」そういった、特定の種類に特化した方たちが思い浮かびます。しかし、たとえば鳥の専門家が、私たちの住んでいる街それぞれの公園にどんな種類の野鳥がやってくるのかすべて把握しているかといったら、そんなことはありません。

逆に、「全国に生息する鳥の生態は全然分からないけど、自分の地域の野鳥のことならおまかせ！」という、地域に特化したリーダーもいるのです。その地域の歴史も学び、市民や行政《ぎょうせい》ともコミュニケーションをとり、どうやってその自然環境を保全していくか考える、トコロ＝場所に特化した活動をする人たちのことをトコロジストと呼びます。

私も「玉川上水のことなら、歴史も自然もなんでもおまかせ！」になりたくて日々学んでいます。この本の後半では、私のフィールドである玉川上水の魅力をたくさん紹介してきました。ただ、全国のみなさんに玉川上水へ観光に来てほしいわけではありません。遠方から玉川上水の保全活動にやってきていただけたらありがたいのですが、それ以上にやってほしいことがあります。それぞれの場所にある、それぞれの地域の自然を大切にしていく活動をしてほしいと思っています。

それぞれの地域で、ゴマちゃんのようないきものが今日も一所懸命生きています。

ゴマちゃんと自然保護

ゴマちゃんが身近な場所にいるのを知るということ、ゴマダラチョウが生きられる環境を残すことは「自然保護」という観点でも大きな意味のあることだと思っています。

もちろん、ゴマダラチョウだけを保全してほしいわけではありません。人の生活《せいかつ》圏《けん》が近い場所では、安全の都合などで落ち葉を掃いた方がいい場合もありますが、ゴマダラチョウが越冬できる程度に落ち葉を残すことで、色々な生き物が越冬できる環境が生まれます。

また、ゴマダラチョウのように、ちょっと散歩するだけでは気がつきにくいいきものが、緑地にはたくさんいます。その全部を把握することは難しいのですが、「いるかもしれない」と考えることで、管理の仕方は変わってくるはずです。

昔の図鑑では、「環境の変化に強く、市街地でも見られる普通種」とされることの多かったゴマダラチョウ。もともと、数の多さが目立つ種類ではなかったものの「ここ何年かで全然見られなくなった」という声があちこちで聞かれるようになりました。希少種の生息できる環境を保全するのはもちろん大事ですが、「以前はあたり前のように見られた種が気づかない間に絶滅した」なんてことが起こらないことを願います。

地域に住む人たちが、身近に住んでいるたくさんの生き物たちに気づいて、それを大切にしていく、そんな流れが生まれたらいいなと思います。

おわりに

ゴマダラチョウ幼虫の姿を初めてみたときには、こんなにかわいらしい虫がいるものなのかと驚きました。そして、家のすぐ近くにも住んでいることが分かったとき、本当にうれしかったものです。私はもともと、虫よりも植物や野鳥に強い関心を持っていたのですが、ゴマちゃんの観察を続けるうちに、虫の世界にどんどんのめり込んでいきました。今では、虫のいない生活なんて考えられません。

家の近くは玉川上水の中でも特にエノキの多いエリア。定期的に刈《か》り取る笹《ささ》藪《やぶ》にはエノキの実生株《みしょうかぶ》もかなりの数が生えてきます。そして、落ち葉が吹き飛びにくい場所もある程度は残されていて、ゴマちゃんが住むのには最適《さいてき》な場所でした。これは運命なのかも！

さらに言えば、私が樹木の勉強を始めたとき、まずは雑木林の基本であるコナラ・クヌギを覚えたのですが、その次に覚えたのがエノキでした。それだけ思い入れが強い樹です。そのエノキが、たくさんの昆虫や野鳥に愛されている植物であることを知ったときにも、またうれしさがありました。

私にとっての玉川上水、そしてゴマちゃんのように、身近な自然の中で、大事にしたい場所、大好きないきものを見つけてもらえたらうれしいです！

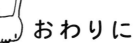

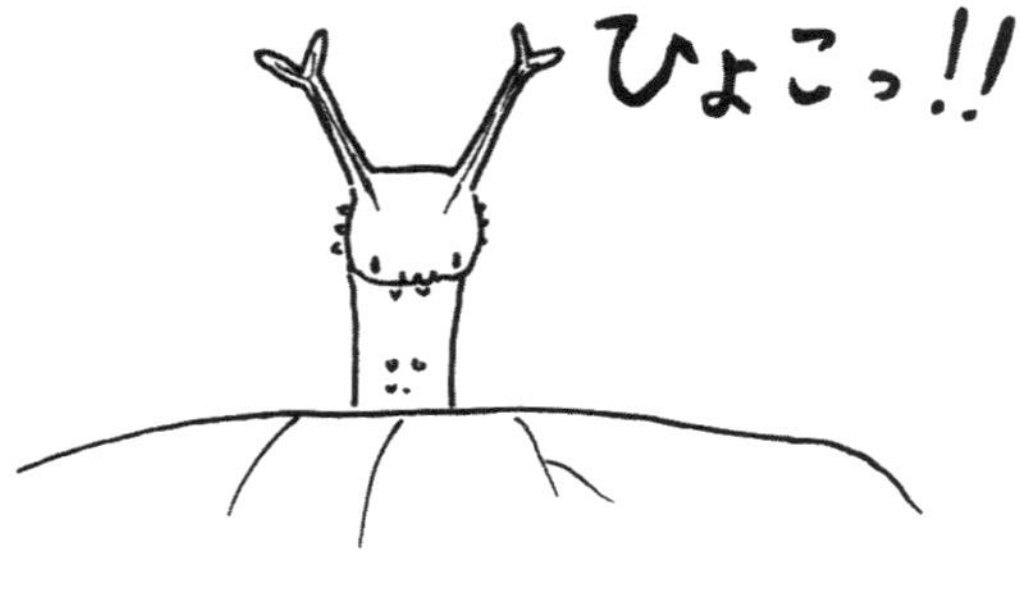
ひょこっ!!

参考文献

＊『原色日本蝶類生態図鑑(II)』
福田晴夫他 共著　保育社（一九八三）
＊『フィールドガイド 日本のチョウ』
日本チョウ類保全協会 編　誠文堂新光社（二〇一二）
＊『オオムラサキ——日本の里山と国蝶の生活史』
栗田貞多男　信濃毎日新聞社（二〇〇七）
＊『虫の飼いかたさがしかた』
藤丸篤夫・新開孝　福音館書店（二〇〇二）
＊『カラー自然シリーズ（56）オオムラサキ』
小川宏・松山史郎　偕成社（一九八五）

著者

成瀬つばさ

なるせ・つばさ

音楽大学と美術大学大学院卒。

音大ではコンピュータ音楽を専攻する傍ら、
ジャズピアニスト・キーボーディストとして様々な演奏活動を行った。

その後は美大の大学院に進学し、音で遊べるメディアアート作品を制作。

代表作「リズムシ」シリーズは総計600万ダウンロード。

平成23年度文化庁メディア芸術祭新人賞ほか、受賞歴多数。

現在は玉川上水を中心に、多摩・武蔵野の自然や歴史に関する活動を行っている。「まるごと玉川上水ブログ」http://tamagawajosui.edoblog.net/ で玉川上水の情報を発信中。

玉川上水の自然保護を考える会、玉川上水ネット所属、
まるごと玉川上水かんさつ会 会長。

NACS-J 自然観察指導員。2級ビオトープ管理士。

日本茶検定1級、日本茶アドバイザー、江戸文化歴史検定2級。

監修者

新里達也

にいさと・たつや

1957年東京都生まれ。農学博士。
アジアを中心に生命の多様性を記述する生物学者。
専門は昆虫分類学と保全生態学。前・日本甲虫学会会長。
主な著書・編書に『カミキリ学のすすめ』『野生生物保全技術』
『カトカラの舞う夜更け』(海游舎)、
『日本産カミキリムシ』(東海大学出版会)などがある。
国分寺市在住で、近傍の玉川上水では
観察会や講演会で活躍中。

ひみつのゴマちゃん
——ゴマダラチョウの不《ふ》思《し》議《ぎ》な生活《せいかつ》

2017年7月30日　初版

著　者　　成瀬つばさ
監修者　　新里達也
発行者　　株式会社晶文社
東京都千代田区神田神保町1-11 〒101-0051
電話　03-3518-4940(代表)・4942(編集)
URL　http://www.shobunsha.co.jp
印刷・製本　ベクトル印刷株式会社

ISBN978-4-7949-6970-5　Printed in Japan